测绘地理信息高等职业教育现状、机遇与展望

吕翠华　杨永平　王　敏　著

黄河水利出版社

·郑州·

内 容 提 要

本书首先对我国测绘地理信息职业教育发展进行了综述。立足调研，分析了测绘地理信息产业的发展现状，以及行业对人才的需求。从近年来测绘地理信息高等职业教育专业开设、教育教学改革实施、教学标准和资源建设、院校教学情况等方面，通过翔实的数据和丰富的图表，深入分析了我国测绘地理信息高等职业教育的现状及存在的问题，并提出对策建议。探讨了测绘地理信息产业发展和高等职业教育面临的机遇与挑战，以及未来的发展方向。为便于读者查阅各院校测绘地理信息类专业设置和招生规模，进一步了解院校办学情况，本书还增加了附录：全国部分高职院校测绘地理信息类专业办学情况。

本书参阅了大量行业资料和专家研究成果，力求通过本书的介绍，为职业院校测绘地理信息类专业办学提供启示和参考。

图书在版编目(CIP)数据

测绘地理信息高等职业教育现状、机遇与展望/吕翠华，杨永平，王敏著. —郑州：黄河水利出版社，2020.5
ISBN 978-7-5509-2681-3

Ⅰ.①测… Ⅱ.①吕…②杨…③王… Ⅲ.①测绘-地理信息系统-教学研究-高等职业教育 Ⅳ.①P208

中国版本图书馆 CIP 数据核字(2020)第 090916 号

出 版 社：黄河水利出版社　　网址：www.yrcp.com
地址：河南省郑州市顺河路黄委会综合楼 14 层　　邮政编码：450003
发行单位：黄河水利出版社
发行部电话：0371-66026940、66020550、66028024、66022620(传真)
E-mail：hhslcbs@126.com
承印单位：河南瑞之光印刷股份有限公司
开本：787 mm×1 092 mm　1/16
印张：9.25
字数：214 千字　　印数：1—1 000
版次：2020 年 5 月第 1 版　　印次：2020 年 5 月第 1 次印刷

定价：56.00 元

前 言

近年来,伴随着我国国民经济建设和社会发展,各行业、部门以及社会公众对位置服务和地理信息需求大幅增加,测绘地理信息产业规模不断扩大,并进入转型升级阶段。测绘地理信息职能从生产走向服务,从提供单一纸质地图、基础数据到提供地理信息综合服务,由提供专业性产品,变为提供多类别、多尺度、多时空、多时相的测绘地理信息产品,从服务农业、土地、水利等传统行业到服务国家安全、环境保护、智能交通等新领域,测绘地理信息产品和服务深度融入经济建设主战场,不断满足广大人民群众的生活需要。

与此同时,测绘地理信息产业发展对人才的需求,促使专业办学规模快速扩张。根据全国高等职业教育专业设置平台数据统计,2010 年全国测绘地理信息类高职专业办学点仅有 204 个,2019 年增至 451 个,办学规模呈高速增长趋势。办学规模快速扩张的同时,测绘地理信息高等职业教育如何找准产业对人才结构、质量和数量的需求,优化专业设置,合理布局专业办学点,对专业教学进行及时诊改,为产业发展输送急需的技术技能人才,适应产业发展和转型升级的需要。

本书通过查阅大量的行业资料和专家研究成果,开展广泛的行业企业调研和院校调研,对我国测绘地理信息高等职业教育发展历程、取得的成果进行了梳理,对测绘地理信息产业发展现状、趋势和未来进行了研究。从近年来测绘地理信息高职专业开设情况、教育教学改革实施情况、教学标准和资源建设情况、院校教学情况等方面,深入分析我国测绘地理信息高等职业教育现状及存在的问题,并提出对策建议,对当前面临的机遇和挑战、未来的发展方向进行了探讨。

本书主要内容包括:测绘地理信息职业教育综述、测绘地理信息产业发展现状、测绘地理信息高等职业教育现状、机遇与挑战、展望 5 个部分。为便于读者查阅各院校测绘地理信息类专业设置和招生规模,进一步了解院校办学情况,本书还增加了附录:全国部分高职院校测绘地理信息类专业办学情况。书中采用的数据主要来自于自然资源部、教育部、中国地理信息产业协会、企业和院校调研、国内重点刊物等,数据权威、翔实、丰富。

本书由昆明冶金高等专科学校吕翠华、杨永平、王敏撰写完成。第一章、第二章、第五章由吕翠华撰写,第三章由王敏、吕翠华撰写,第四章由杨永平撰写,全书由吕翠华统稿。在撰写过程中,很多专家提出了宝贵意见,为本书的出版做了大量工作,谨在此表示衷心的感谢。同时,作者参阅了大量论文和书籍,并引用了相关领域专家和学者的研究成果,在此向他们表示衷心的感谢。

由于作者水平有限,书中难免有错漏、不当之处,敬请读者不吝指教。

吕翠华

2020 年 1 月

目 录

第一章　测绘地理信息高等职业教育综述

测绘是为国民经济、社会发展以及国家各个部门提供地理信息保障,并为各项工程顺利实施提供技术、信息和决策支持的基础性行业。一直以来,测绘地理信息为科学管理决策、重大战略实施、重大工程建设、资源开发利用、生态环境保护、防灾减灾、科学教育、国防建设等提供了及时可靠的保障服务。

我国的测绘源远流长,从传说和古代文字记载,可以追溯到四千年以前。如公元前2世纪,司马迁在《史记·夏本纪》中关于左准绳,右规矩,载四时,以开九州、通九道、陂九泽、度九山……的描述,就是大禹为治水而进行的测量工作。西晋时期的地图学家裴秀绘制成历史地图《禹贡地域图》、晋地图《地形方丈图》,提出了绘制地图的"制图六体"理论,在世界地图史上占有重要地位。

测量和计算历来是一对孪生兄弟,我国古代的测量教育通常是算学的一部分,古代测算教育是儒学的六艺(礼、乐、射、御、书、数)之一,被列入基础教育之中。在国家重视和倡导的时候,测算教育就被纳入官学体系,甚至诏令施行统一的教材。在受到经学排斥的时候或官学衰败的情况下,测算教育就在民间的私学里开展,那些以测算为依托的部门,如天文观测历法制定部门也开展测算教育,培养本部门所需的测算人才。而制图知识一般是融合在儒学的史学、地理学教育之中。我国的测绘教育作为专门学科独立进行,始于清末,此前一直寓于天文、数学、地理、军事等学科之中。

第一节　近代测绘教育

一、清代测绘教育概况

清初康熙年间,测绘《皇舆全览图》的技术准备阶段,康熙就特别重视天文等测绘技术人才的培养,但发展十分缓慢,因而中国首次全国地图测绘的主要技术人员,多由外国传教士充任,到乾隆年间,测绘新疆、西藏地图时,则有所改变,主要技术人员为中国人。清末,中国的正式测绘教育逐步发展起来,且初具规模,建立测绘学堂十余所,由中央和省两级办学。光绪二十三年至宣统三年(1897～1911年),清廷军事部门创办北洋测绘学堂、保定测绘学堂、京师陆军测绘学堂、两江测绘学堂等4所测绘学堂,约培养军事测绘技术人才350余人。光绪三十二年(1906年),通令各省开办测绘学堂,陆军部颁布测绘学堂章程,令各省一律遵办。此后,各省陆续开办陆军测绘学堂共十余所,培养测绘技术人才近1 500余人。据不完全统计,清代共培养测绘专门技术人才1 800多人。

(一)测绘课程教学与短期培训人员

同治五年(1866年)成立福州船政学堂,教授海洋测绘课程;陕西省于同治十二年(1873年)建立味经书院,设有天文、算学、纺织、测绘等课程。

光绪十五年(1889 年)起,全国测绘《清会典图》,湖北、黑龙江等省举办短期测绘培训班,培训青年测绘技术人员五六十人。

随着新式军事教育的兴起,在军事教育中,大都有测绘课程的讲授。如光绪五年(1879 年),李鸿章从海防营内选出七员,赴德国学习军事,包括"绘图各法"。光绪十一年(1885 年)在天津创办武备学堂,设有测算、绘地图课程。光绪二十年(1986 年),张之洞又在江宁(今南京市)设陆军学堂,讲授地理、测量、绘图、营垒诸术,马步炮队诸法。还选 13~20 岁学生 150 人入堂学习。湖北、陕西等省所办武备学堂,也均设有测绘课程。

(二)清廷办测绘学堂

光绪二十三年至宣统三年(1897~1911 年),清廷军事部门创办了 4 所测绘学堂,包括北洋测绘学堂、保定测绘学堂、京师陆军测绘学堂、两江测绘学堂,请外国人为教习,约培养军事测绘技术人才 350 余人。

(三)各省办陆军测绘学堂

清廷于光绪三十二年(1906 年),通令各省开办测绘学堂,陆军部颁布测绘学堂章程,令各省一律遵办。此后,各省陆续开办陆军测绘学堂共十余所,培养测绘技术人才近 1 500余人。

(四)工科学堂测绘教学

清末,除开办专门的测绘学堂外,还有一些工科学堂,也讲授测量课程。如同治五年(1866 年)成立的福州船政学堂,是中国开办海洋测绘学科最早的一所学堂。光绪二十二年(1896 年)成立山海关铁路学堂,后更名为唐山路矿学堂,还有上海南洋学堂、江苏南通师范学校等,都开设有测量课程。

(五)派出留学生

清末,除在国内办学培养测绘人才外,政府还派学生前往日本等国留学,学习测绘技术,自光绪三十年至宣统三年(1904~1911 年),共派出留学生近 100 人。

二、中华民国时期测绘教育概况

中华民国政府成立后,将清末成立的京师陆军测绘学堂改组为中央陆军测量学校,将清末在湖北、河南、安徽、广西、广东、山东、吉林、奉天(今辽宁省)、陕西等地先后开办的陆军测绘学堂改名为陆军测量学校,有的停办、有的续办,几年后撤销,后又改名为陆地测量学校,仍属军事测量学校之列,毕业的学生以在军事测绘机构工作为主,经济建设部门测绘技术人才没有来源。因此,上海同济大学于 1932 年 11 月创办测量系,为经济建设部门培养高级测绘技术人才。

中华民国时期的测绘教育以近代测绘科学为主,和清末相比,中央办的有所发展和提高,省办的则规模大为缩小。整个中华民国时期,约培养初、中、高级测绘技术人才 4 000 多人,另外,短期培训地籍测量人员 3 600 余人。

(一)主要测量学校

1. 中央陆地测量学校

中华民国政府成立后,将清末成立的京师陆军测绘学堂改组为中央陆军测量学校,隶属参谋本部第六局。开设寻常科,开办三角、地形测量和地图制图 3 个班,学生 70 余人。

1915 年开办高等科，为中国培养高级测绘技术人才之始，其学生为由各省陆军测量局选送已工作两年以上的测绘人员，教员主要是中国人，另聘有美国、瑞士测绘教官。全校有学生 400 人左右。1912～1927 年，共毕业学生 482 人。设在北京的参谋本部第五局、中央陆军测量学校、北京陆军测量局、制图局合并，缩编为军事参谋署陆军测绘总局，中央陆军测量学校停办。

南京政府成立后，鉴于世界航空摄影测量技术的发展，陆地测量总局于 1930 年秋举办航空测量研究班一期，由各省陆地测量局选送有地形测量经验的技术人员参加学习，为 1931 年成立航空测量队培养了技术人才，同时举办了简易制图训练班一期。中央陆军测量学校在停顿 3 年多后，1931 年春，重建于南京（今地质部南京地质学校校址），改名为中央陆地测量学校。设特科、寻常科，开办三角、地形、航空测量和制图班；1933 年 3 月，为培养基层干部又增设简易科。为适应边疆和国防建设测量需要，举办边疆地区地形班一期，招考边疆省份青年来校培训。学校先后购进德国、瑞士等国的各种新式精密航测内业仪器，品种较多，是当时国内最完备的一个测量学校。1935 年 4 月 9 日，国民政府颁发《中央陆地测量学校组织条例》，规定学校教职员编制 64 人，其中主任教官 4 人，聘任专科教员 5 人。学员由各省陆地测量局选送和招考简易科毕业人员入学，并举办三角测量和航空测量研究班。学制改为本科、专科、简易科，设三角、地形、航空测量和制图 4 个专业。此期间毕业学生为 448 人。

中央陆地测量学校校舍不敷应用，1937 年春，计划在南京建设新校舍，正拟动工之际，日本帝国主义发动侵华战争，建校计划未能实施。是年秋，学校被迫西迁长沙三府坪长廊中学校址上课。从 1937 年秋迁出南京，到 1946 年 9 年间，学校经 6 次迁址，在校舍、经费、师资十分困难的情况下，毕业学生 727 人。1947 年，中央测量学校进行第 7 次搬迁，因南京原校舍全部被日本侵略军破坏，迁往苏州。为提高教学水平，聘请上海复旦大学、同济大学教授到校兼课。1949 年，先后两次迁址到广州、台湾。从 1947 年春迁入苏州到 1949 年夏迁往台湾，此期间共毕业学生 262 人。

2. 中央陆地测量学校第一分校

1940 年 10 月 23 日，陆地测量总局报军令部决定成立中央陆地测量学校第一分校（简称中测一分校），编制 114 人（官佐 64 人，兵役 50 人），在校学生 7 个班 300 人。1941 年 7 月 23 日正式成立，隶属陆地测量总局。中测一分校成立后，在西安、汉中和兰州 3 地招收初、高中文化程度学生 100 余人，成立战时训练班第一期。学制分为正班和训练班，编为三角、地形测量和地图制图 3 个班，教学课程分基础课和专业课两大类。抗战胜利后，中测一分校于 1945 年 12 月结束。中测一分校从成立到结束，4 年多的时间内，共培养测绘技术人才 322 人，其中大地测量 50 人，地形测量 174 人，地图制图 98 人。

3. 同济大学测量系

同济大学测量系创办于 1932 年 11 月，学制四年，教学课程包括大地、地形、工程和航空测量，而以大地测量为主。为发展测绘科学技术，提高教学水平，于 1946 年成立大地测量研究所。从创办到 1949 年止，共毕业本科学生 107 人，为经济建设部门培养了一批高级测绘技术人才。

4. 省和地区的陆军测量学校

省和地区的陆地测量学校均是由清末在湖北、河南、安徽、广西、广东、山东、吉林、奉天(今辽宁省)、陕西等地先后开办的陆军测绘学堂改名而来。其中,广东陆地测量学校是民国时期存在时间较长的陆地测量学校,始于1906年(光绪三十二年)开办的两广陆军测绘学堂,1939年结束,共毕业学生1 081人,其中中华民国时期为950人。云南陆军测量学校到1928年有5期学生60人毕业,分配在云南省公路局进行公路建设测量。到1936年,第8期学生毕业,参加全国陆地测量十年计划中在云南的测绘工作。其他如湖北陆军测量学校、浙江陆军测量学校、陕西陆军测量学校、东三省陆军测量学校等,存在时间较短,几年后或停办,或撤销。

(二)中华民国测绘教育存在的问题

由于中华民国建立之后,长期军阀混战,之后又有十年内战,当局从未把经济建设放在重要地位,测绘工作和测绘教育得不到应有的重视,仅有的一点测绘教育也主要是为了战争的需要。存在的问题主要表现在以下几个方面:

(1)办学规模逐渐萎缩。中华民国测绘教育是清末测绘教育的继续。清末,朝廷办有北洋测绘学堂、京师陆军测绘学堂和两江陆军测绘学堂等。各省办有省级陆军测绘学堂十余所,规模之大前所未有。中华民国政府成立后,将京师陆军测绘学堂改名为中央陆军测量学校,续办到1949年。先后办有本科、专科和中等科;除原有的大地、地形、制图专业,还增设航空测量专业和测量仪器专业;教职员工人数增多,仪器等教学设备品种数量均有增加。但仅留此校1所,两江陆军测绘学堂等停办。各省办的陆军测绘学堂,由清末的十余所,减少为5所,加上新办的3所,仅八所,除广东陆地测量学校延续到1939年外,其余各省测量学校仅办几年即先后停办,办学规模逐渐萎缩。

(2)培养目标偏低。测量学校学习一年以上的毕业生4 013人,学习几个月不足一年的训练班毕业生3 647人,两者共计7 660人。其中后者占到总人数的47.6%,即近半数的毕业生仅达到测绘技术工人的水准;学习一年以上的毕业生中,学习三年及三年以上时间的研究班、正班毕业生为1 352人,仅占毕业生总数的33.6%,其余均为学习一年半时间的简易科、战训班毕业生。培养目标总体偏低,仅为满足一时的测绘生产需要,教学也以实用为主,教材多为一般性内容,从发展测绘科学技术、进行理论研究和培养高级测绘技术人才方面着眼不够。

(3)计划落实不到位。中华民国测绘的两个十年计划中都列有测绘教育计划,第二个十年计划中的教育计划编得十分细致,分省、分专业、分年度列出计划,共计划培养测绘技术人才7 488人。为此,还将全国分为九个区,拟每个区办一所陆地测量学校,但实施结果是,第二个人才培养计划仅完成31.9%,直到1949年,总共培养测绘技术人才4 013人,仅达到十年计划数的53.6%。计划开办的九所测量学校,一所也未办成,仅办成的一所中央陆地测量学校第一分校,也只存在4年。

(4)为经济建设培养测绘技术人才少。中华民国中央及各省测量学校,多为军事学校,属军事编制系列,毕业的学生基本上在陆地测量总局及其所属测量队、各省陆地测量局服务,其工作虽也有经济建设的测绘项目,但以军用为主,测绘项目安排的地区、测绘成果种类也是以军事需要为主。专为经济建设培养测绘技术人才的,仅有同济大学测量系,虽质量较高，但规模太小，1932～1949 年的 17 年间，只毕业 107 人，占中华民国年间测量学校毕业生总数的 2.7%；地籍测量人员培训出 3 600 多人，数量不少，但学习时间仅为几个月，水平太低，且地籍测绘仅是经济建设测绘的一小部分。

三、近代测绘著述

明代后期，西方近代测绘理论和方法开始传入中国，徐光启师从意大利传教士利玛窦，学习天文、历算、测绘，与利玛窦合译《几何原本》《测量法义》，与耶稣会传教士熊三拔合译《简平仪说》，撰写《测量异同》《勾股义》《农政全书》，督修《测量全义》，成为中国测绘界学习和引进西洋测绘技术的第一人。国外测绘著作的翻译出版标志着西方先进测绘技术引入中国，并为我所用。

（一）清代测绘著述

清代可查的测绘著述主要包括五类：综合类、天文三角测量类、地形测量与地图绘图类、工程测量类和测绘仪器类。主要有：

光绪年间编撰的《中外时务策府统宗》，详细记述了测量与制图理论、方法和技术要求等，集中了当时测绘知识的精辟。

邹伯奇著的《测量备要》，论述了丈量器、测望仪、测算和图式。

清初天文测量、计算学家王锡阐著的《晓庵新法》，论述了天文测量计算基础知识，提出分圆周为 384 等份；以明崇祯元年（1628 年）为历元，以南京为起算点，算出了一系列地点的里差；用中西结合法，求时刻及位置（测量时刻，经纬度）；以及如何提高测量精度，如气差、视差等问题。

天文学家、数学家梅文鼎著的《三角法举要》《勾股测量》《测量全义》《堑堵测量》4 部测量著作，分别论述了测量名义及算例，中国传统勾股测量、计算技术，平面三角、球面三角、弧线与直线、测绘比例，工程测量及其土方计算等内容。

黄炳垕著的《测地志要》，论述了以勾股弦和角测量求得距离、高低，以金、木、水、火、土五星测量经纬度及其成果计算方法。

光绪十六年（1890 年）李鸿章署检的《测量释例》，以 133 道例题，论述以三角测量距离、面积的方法，经纬度测量、计算，航海诸题解法，海上定位等。

陆桂星、陈德熔于光绪十六年（1890 年）著的《测绘浅说》，详细论述了各种简易测绘仪器的制作材料、方法、用途和使用方法，各种地图元素的测绘方法，地图绘图、缩编技术等。

翟宝书于光绪二十四年（1898 年）撰的《测量图说》，论述了以勾股弦和三角法为枪炮射击测量距离、高低的技术方法。

张耀勋于光绪三十三年（1907 年）著的《测绘一得》，满足行军地图测绘、建筑工事测绘需要，填补大三角测量的不足。

英国华尔敦撰成、英国傅兰雅口译、赵孟元笔述的《测绘海图全法》，论述了测绘海图的仪器和方法。

《测量仪器总说》内府抄本，论述了立置象限仪和平置象限仪的构造。

（二）中华民国时期测绘著述

中华民国时期出版的测绘著述大多源于教学需要，先是讲稿，由讲稿变成油印或石印的教材，作者大多是从事教育的学者。主要有：夏坚白编著的《应用天文学》，夏坚白、陈永龄、王之卓合著的《测量平差法》，叶雪安编的《测量平差（依最小二乘法）》，唐艺青著的《实用最小二乘法》，李协著的《最小二乘式》（第一种），张树森著的《最小二乘法》；刘述文著的《兰勃氏投影方向改正和距离改正》《定式法》，方俊著的《地图投影》，葛绥成编著的《地图制作法》；尹钟奇著的《计算手册》，胡明城著的《等高观测手册》；卫梓松编的《实用测量法》、姚国珣编的《实用测量术》，卢龙、白季眉合著的《普通测量学教本》；顾葆康编著的《航空摄影测量学》一、二集，王之卓、陈永龄、夏坚白合著的《航空摄影测量学》等。

四、近代测绘教育的特征

（一）测绘办学引进国外模式

中国近代测绘从测绘理论到方法学习西洋或东洋测绘，办学模式从学制到内容模仿西洋或东洋的测绘教育模式。

（1）在测绘教育的指导思想上，几乎全盘引进西洋的测绘教学制度。19 世纪后期，主要师从欧洲，如英国的海军测绘教育，德国的陆军测绘教育；清末，主要照搬日本的套路，派往日本的测绘留学生有近百人，为各国之最，而日本也是师从欧美；民国时期的测绘教育不再以日本为师，又返回去学习欧洲特别是德国、瑞士以及后来居上的美国。

（2）在测绘教育管理上，从中央到地方都设立测绘教育管理机构或兼管机构，如清末的练兵处军学司，中华民国初期的陆军测量总局等，这些建制主要是仿照德国、日本；在学校管理人员中有选择地聘用外国学者担任学校监督或总教习，这一点在开办新学的早期更加明显，如福州船政学堂的监督以及学堂首批留学英法学生的监督都是法国人日意格。

（3）在测绘学校的学科设置上，最初开设三角、地形、制图三科，到 20 世纪 30 年代又增设航测科，学科设置与国外同类学校步调基本一致。

（4）在课程安排与教材使用上，起初引用国外课程安排表，甚至直接采用外国教材，并聘用外国测绘教师授课。随着测绘教育的深入，中国测绘学者逐步编写了多种测绘学教材，教师乃至高素质的教授也多由中国人担任。

（5）在先进教学设备配备上，主要从外国购置，如从德国、瑞士的测绘厂家购进多种经纬仪、水准仪、纠正仪、多倍立体量测仪及航摄飞机等。

（二）军事需要主导测绘教育

早在 2 400 多年前的春秋末期，我国杰出的军事家孙武在所著的《孙子兵法》里就提出："夫地形者，兵之助也"，"知敌之可击，知吾卒之可以击，而不知地形之不可以战，胜之半也"。可见，测绘是军事行动的一项重要保障工作。

近代军事学校率先开展了系统的测绘教育，从清末以京师陆军测绘学堂为代表的十几所测绘学堂的兴办，到中华民国中央及各省军事测量学校，形成两级测绘专科教育体系，开设测绘学、地形学课程，培养陆军军官的简易测绘及正确利用地形的能力，并且中央陆地测量学校最早引入航空测量等测绘新技术课程，军事测绘教育成为近代测绘教育的先行指标，在测绘教育领域发挥了先导作用与主导作用，近代测绘专科教育实际上就是军事测绘专科教育。

（三）经济建设推动职业教育

除面向军队的测绘专科教育外，地政、水利、交通、财税等部门对测绘的需求也推动了测绘职业教育。地政部门进行地籍测量，交通部门进行工程测量，水利部门进行水道测量等，都需要测绘人才。中华民国时期，鉴于缺乏测绘人才的实际情况，由各个部门或委托测绘学校举办了多期测绘短期训练班。如 1929 年，云南省财政厅委托云南陆地测量局代办清丈传习所（后改为清丈养成所）。清丈传习所设测丈、绘图、业权、评判四科。培训期为 9 个月，到 1938 年 3 月，实际招生 8 期，共毕业学生 1 852 人。1932 年，南京中央地政学院举办地籍测量班，招收大学生入学，学习 2 年再实习 3 个月后，派往各省。1932 年 9 月，广东省民政厅成立地政工作人员养成所，测量班教员 12 人，学制 8 个月，其中实习 2 个月。到 1944 年 12 月，共办了六期，毕业 1 514 人。测绘训练班实际上是一种职业教育，满足了各个部门对测绘一线人员的急需。

第二节　现代测绘地理信息高等职业教育

一、现代测绘地理信息高等职业教育发展概况

新中国成立之后，百废待举，测绘是国家经济建设和国防建设不可缺少的基础工作，从整体规划设计到具体施工建设和运营管理，都离不开准确的测绘数据资料和精确的地图资料。随着我国社会主义现代化建设的发展，越来越需要测绘工作提供更准确的数据和更精确的地图，因此迅速发展测绘事业，培养大批的测绘人才，势在必行。在全国轰轰烈烈开展社会主义建设的大潮中，黄河水利职业技术学院、昆明冶金高等专科学校、北京工业职业技术学院等多所院校先后于 20 世纪 50 年代开办了测绘类专业，是全国测绘类专业办学较早的学校。20 世纪七八十年代，原有中专升格为大专，越来越多的学校开办测绘类专科教育。

20 世纪 90 年代以前，我国的高等教育主要分为普通高等专科教育、普通高等本科教育和研究生教育，是一种国家计划学历教育，招生和就业主要依赖于国家计划。测绘职业类教育主要由中等专业学校、职业高中及技工学校承担，职业类教育基本归为初、中等职业教育。进入 20 世纪 90 年代以来，特别是我国加入 WTO 后，测绘技术全面跨入数字化平台，3S 技术的广泛使用，特别是 3S 技术的集成，将推动地理空间位置信息采集平台的提升，数据采集精度的提高使数据处理的重心向数据可靠性偏移，测绘成果从单一点位数据成果和地形图，向全面数字化发展，服务面从原来规划、设计、施工、管理的专业部门，拓展到面向社会的空间位置信息服务，对生产第一线的技术人员从数量到质量都提出了新的要求，此前的初、中等职业教育已不能满足需求，社会急需综合应用能力更强的测绘职业类人才。在此背景下，测绘地理信息高等职业教育应运而生，大部分专科学校先后改制为高等职业教育。

1993 年，我国独立设置的高职高专院校仅有 386 所。到 2003 年，高职高专院校达 908 所，招生人数也从 43 万增至 200 万。截至 2019 年，全国 1 423 所高职院校中，开设测绘地理信息类相关专业的院校突破 500 所。

我国高等职业教育蓬勃发展，为现代化建设培养了大量技术技能人才，对高等教育大众化做出了重要贡献，丰富了高等教育体系结构，形成了高等职业教育体系框架，顺应了人民群众接受高等教育的强烈需求。高等职业教育作为高等教育发展中的一个类型，肩负着培养面向生产、建设、服务和管理第一线需要的技术技能人才的使命，在我国加快推进社会主义现代化建设进程中具有不可替代的作用。但是，我们必须清醒地认识到，目前我国测绘地理信息类高等职业教育同其他专业一样，发展较晚，实践教学条件有待提高，"双师"教师队伍不够稳定，尤其是基于本科的传统人才培养模式存在许多弊端，质量保障体系不够完善，严重制约了测绘地埋信息类高等职业教育的健康发展。因此，测绘地理信息类高等职业教育应主动适应社会需求，努力提高教育教学质量，以满足测绘地理信息生产一线对技术技能人才的需求。

二、测绘地理信息高等职业教育教学改革与探索

我国测绘地理信息职业教育教学改革经历了五个阶段的探索与实践。

第一阶段：1950～1960年，测绘专业举办之初，由于国内没有相应的、较成功的办学对象参考，这一时期主要是参照苏联测绘专业的教学内容设置和教学模式开展人才培养工作。

第二阶段："压缩本科型"的测绘专科教育。20世纪80年代，测绘专业举办专科，主要是探索专科层次的学历教育模式。专科层次的测绘类专业教育由于学制短、学时少，主要采取"压缩本科型"的教学模式，教学计划和教学体系也体现出明显的学科特征。教学中采用本科教材，教学内容强调理论的完整性和系统性，技术应用能力和实际操作技能的培养不突出，"职业"特色不明显。

第三阶段："产学结合"测绘教学改革。20世纪90年代，为了加快我国高等职业教育的发展，推动高职高专学校的全面改革和建设，推进素质教育，努力办出高职高专特色则成为当务之急。为此，教育部《关于做好高等工程专科教育第四批专业教学改革试点工作的意见》（教高司〔1997〕128号）文件提出，要加强产学结合，积极开拓在企业进行教学与工程训练的途径，逐步建立学校与企业合作培养人才的机制。例如，昆明冶金高等专科学校测量工程专业于1998年被教育部确定为"产学结合"教学改革试点专业，开始技术应用性人才的培养模式探索。在专业建设与改革中，确立了测量工程专业"一面对，一主线、一突出；两体系、两兼顾、多方向灵活办学" 的人才培养模式，为工程测量、土地管理、工程施工、城乡规划等多个就业方向培养社会急需的人才。

第四阶段："校企合作、工学结合"测绘类专业人才培养模式探索。2006年，教育部出台《关于全面提高高等职业教育教学质量的若干意见》（教高〔2006〕16号）文件，提出要认真贯彻国务院关于提高高等教育质量的要求，适当控制高等职业院校招生增长幅度，相对稳定招生规模，切实把工作重点放在提高质量上。国家自2006年开始实施示范性高等职业院校建设计划，遴选100所示范性院校重点支持建设，示范建设院校在探索校企合作办学体制机制、工学结合人才培养模式、单独招生试点、增强社会服务能力、跨区域共享优质教育资源等方面取得了显著成效，引领了全国高职院校的改革与发展方向。继国家示范建设之后，教育部、财政部决定继续推进"国家示范性高等职业院校建设计划"实施工

作,扩大国家重点建设院校数量,新增100所左右骨干高职建设院校,加快高等职业教育改革与发展,全面提高人才培养质量和办学水平,更好地发挥高职院校在培养高素质高级技能型专门人才的作用。作为"国家示范性高职院校建设计划"二期工程,2015年底完成最后一批项目验收。全国各示范院校、骨干院校全面开展了"校企合作、工学结合"测绘类专业人才培养模式的创新与实践,并取得了系列教学成果。如昆明冶金高等专科学校探索并构建了"学做相融、全真训练"测绘人才培养模式,北京工业职业技术学院实施"工程实践不断线"测绘人才培养模式,黄河水利职业技术学院构建了"两轮顶岗、五化教学"工学结合特色的测绘人才培养模式。这一阶段,我国的测绘高等职业教育进入了蓬勃发展的时期,为国家培养了大批适应经济社会发展需要的测绘专业技术和管理人才。

第五阶段:深化"产教融合、校企合作"的测绘地理信息办学模式探索与创新。2014年8月,教育部印发《关于开展现代学徒制试点工作的意见》,制订了工作方案。2015~2018年,教育部先后遴选了3批共562家单位作为现代学徒制试点单位和行业试点牵头单位,其中高职院校试点有310所。现代学徒制是通过学校、企业深度合作,教师、师傅联合传授,对学生以技能培养为主的现代人才培养模式。与普通大专班和以往的订单班、冠名班的人才培养模式不同,现代学徒制更加注重技能的传承,由校企共同主导人才培养,设立规范化的企业课程标准、考核方案等,体现了校企合作的深度融合。河南工业职业技术学院、北京工业职业技术学院、昆明冶金高等专科学校、云南国土资源职业学院等多所高职院校的测绘地理信息类专业先后列入国家试点建设。2015年,教育部《高等职业教育创新发展行动计划(2015~2018年)》提出建设200所优质专科高等职业院校目标,为高职教育树立起改革发展的"新标杆"。2019年教育部再次启动了中国特色高水平高等职业院校建设,瞄准"中国特色、世界水平"的目标,转变发展方式,升级发展模式,加速形成高等职业教育核心竞争力,着力打造一批高质量的样板、改革创新的标杆、院校治理的典范,引领高职院校建设向着"中国特色高水平"的总体方向不断迈进。这一阶段,各高职院校主要探索"工学结合—校企合作—产教融合"递进体系的测绘地理信息办学模式。教学层面,重点抓"工学结合"及专业建设;办学层面,重点抓"校企合作"及体制机制创新;管理层面,重点抓"产教融合"及整体质量提升。

三、测绘地理信息类专业高职高专目录设置

2005年以前,我国专科教育测绘类专业一直参照本科专业目录进行设置。专科层次的测绘类专业大部分设在本科院校,举办测绘类专业的专科学校也多数隶属于行业,主要专业有工程测量、矿山测量、摄影测量和地图制图等专业。

为引导我国高职高专教育持续健康发展,规范高职高专专业目录,2004年10月教育部颁布了普通高等学校高职高专教育指导性专业目录(试行),并于2005年正式实施。高职高专测绘类专业目录对高职高专正确进行专业定位和专业改革,以及人才培养模式的合理构建,具有非常重要的意义。在新的专业目录指导下,根据高职高专人才培养的特点和专业要求,制订出科学合理的专业人才培养方案和培养模式。规范后的专业目录划分,以职业岗位群或行业为主,兼顾学科分类的原则,分设农林牧渔、交通运输、生化与药品、资源开发与测绘、材料与能源、土建、水利、制造、电子信息、环保气象与安全、轻纺食

品、财经、医药卫生、旅游、公共事业、文化教育、艺术设计传媒、公安、法律 19 个大类，下设 78 个二级类，共 532 种专业。测绘类专业属于资源开发与测绘大类，下设工程测量技术、工程测量与监理、摄影测量与遥感技术、大地测量与卫星定位技术、地理信息系统与地图制图技术、地籍测绘与土地管理信息技术、矿山测量等 7 个专业。高职高专的专业设置主要面向职业岗位群，更加突出专业的服务面向，"职业"特色更加明显，针对具体的岗位或行业设置专业。而本科专业的设置则注重专业的系统性和学科性。从招生的学制看，高职高专大部分专业的学制为三年，仅有工程测量技术和矿山测量两个专业中有 5 个学校办两年制。这一情况说明，测绘专业的办学必须有足够的理论知识学习和实训时间，才能让学生具备今后从业所需的知识和技能。

随着许多新技术，特别是卫星、通信、计算机等技术在测绘学中不断出现和应用，使测绘学从理论到应用都发生了根本的变化，它的服务范围和对象也在不断扩大，因而测绘学的定义和内涵均有所改变，与此相应的测绘学科同其他学科一样朝着综合化的方向发展，它不仅本身几个专业学科相互渗透和交叉，也在向外延同其他相关学科相互融合。

为满足测绘地理信息行业企业发展和技术技能人才成长的需要，2015 年，教育部再次修订测绘地理信息类专业目录，删减了大地测量与卫星定位技术、航空摄影测量等专业，合并了地理信息系统与地图制图技术、工程测量与监理等专业，新增了导航与位置服务、国土测绘与规划等专业。包括工程测量技术、摄影测量与遥感技术、测绘工程技术、测绘地理信息技术、地籍测绘与土地管理、矿山测量、测绘与地质工程技术、导航与位置服务、地图制图与数字传播技术、地理国情监测技术、国土测绘与规划等 11 个专业，隶属资源环境与安全大类测绘地理信息中类。专业目录的修订，优化了测绘地理信息类专业设置，顺应了测绘地理信息技术发展与产业人才培养的需要。

四、测绘地理信息类专业教学标准体系构建

(1)制定专业教学标准，规范专业办学。

测绘地理信息作为战略性新兴产业，面临产业转型升级，迫切需要培养一支规模宏大、结构合理、素质优良的技能型人才队伍。伴随着职业教育的蓬勃发展，全国测绘地理信息职业教育进入高速发展的快车道，办学规模快速扩张与人才培养质量保障的矛盾日益突出。全国有 500 余所中高等职业院校开设测绘地理信息类专业，院校专业设置随意性大、专业定位模糊，在教学中缺乏统一的人才培养指导标准，直接影响到技术技能人才培养的质量。2008 年，全国测绘地理信息职业教育教学指导委员会启动了测绘类专业教学基本要求和专业规范的研制工作，2012 年完成工程测量技术、地理信息系统与地图制图技术、地籍测绘与土地管理信息技术、工程测量与监理、矿山测量、摄影测量与遥感技术、测绘与地理信息技术等 7 个高职专业规范，成体系地编制了高职测绘类专业教学标准，规范全国测绘地理信息职业教育办学，指导专业建设，保障技术技能人才培养质量，填补了测绘地理信息职业教育教学标准的空白。结合《普通高等学校高等职业教育(专科)专业目录(2015 年)》，针对新专业以及经过重组更名的专业开展专业教学标准制(修)订，目前已开展了两个批次的研制工作。第一批专业包括工程测量技术、测绘工程技术、测绘地理信息技术、地籍测绘与土地管理，于 2018 年底完成，2019 年由教育部颁布执行；

第二批专业包括矿山测量、摄影测量与遥感技术、国土测绘与规划，于2018年启动研制工作。

(2)研制顶岗实习标准，规范教学秩序，管控实习过程。

顶岗实习是测绘地理信息类专业学生强化测绘职业素质训练、增强岗位意识和责任、了解社会对自身要求的关键教学环节。为了规范顶岗实习教学秩序，管控实习过程，保证实习质量，2014年启动测绘地理信息类专业顶岗实习标准研制工作，基于学校、企业和学生三方的责任、权利与义务要求，以有利于学校组织顶岗实习、有利于企业接收学生开展生产、有利于学生职业能力提高为目标，研制顶岗实习教学实施管理制度、顶岗实习评价制度、学生顶岗实习管理制度、教师顶岗实习指导管理制度，在组织上、形式上，在过程中形成一整套规范性顶岗实习教学文件，规范顶岗实习的组织、管理、实施和评价工作。2017年完成了测绘地理信息技术、摄影测量与遥感技术、工程测量技术、测绘工程技术、矿山测量、工程测量与监理等6个专业的顶岗实习标准制定，并由教育部颁布执行。

(3)研制中高职衔接教学标准，打通人才培养"立交桥"。

中高职衔接是按照建设现代职业教育体系的要求，推动中等和高等职业教育协调发展，系统培养适应经济社会发展需要的技能型特别是高端技能型人才。构建现代职业教育体系，增强职业教育支撑产业发展的能力，实现职业教育科学发展，中高职衔接是关键。根据测绘地理信息行业中高职衔接工程测量技术专业教育的基本模式、中高职衔接专业方向与内涵、中高职衔接不同学段人才培养目标与规格、课程结构、教学要求等内容，2016年启动了工程测量技术中高职衔接专业教学标准研制工作，2017年完成并由教育部验收通过。

中高职衔接工程测量技术专业教学标准为中职学生的升学明确了方向，实现了中高职"立交"的无缝衔接。昆明冶金高等专科学校、郑州测绘学校(2018年升格为高职，更名为河南测绘职业学院)、北京工业职业技术学院分别与昆明理工大学、河南理工大学、首都师范大学附中、北京城市建设学校、北京建筑大学合作举办了测绘地理信息"专本套读""3+2"中高职衔接、"2+3+2"中高本衔接教育。构建的中等职业教育、高等职业教育以及继续教育"立交桥"教学标准体系，助力职业院校学生实现升学梦想。

(4)制定专业实训教学条件建设标准，指导实训条件建设。

工程测量技术专业作为全国高等职业教育测绘地理信息类专业中开设办学点最多的专业，要求学生在学习期间必须进行充分的测量工程实践训练。开设工程测量技术专业的院校中，实践教学占到了教学总学时的50%以上。要得到充分的、规范的工程测量实践训练，必然需要按照测量工程行业、企业实际生产的要求配置实训设备，建设与生产相对接的实训环境。由于工程测量生产装备价格高，有的院校实训设备投入不足，不能满足工程测量技术技能人才培养的需要。因而，研制工程测量技术专业实训教学条件建设标准将对全国开设工程测量技术专业的高职院校的办学起到指导作用，规范实训教学，提高人才的培养质量。依据《普通高等学校高等职业教育(专科)专业目录及专业简介(2015年)》《高等职业学校工程测量技术专业教学标准》、测绘地理信息国家标准和行业规范等，分析职业岗位群对应的工作任务及内容、使用的仪器设备、需具备的职业能力，支撑能力培养应开出的实训课程及项目，结合院校办学和实训教学管理，提出实训场所及实训设备配置要求,制定工程测量技术专业实训教学条件建设标准。

(5)搭建竞技平台,开发技能竞赛标准,培养拔尖技能人才。

2010 年,全国测绘地理信息职业教育教学指导委员会组织承办了“首届全国高等职业院校测绘技能大赛”,2012 年,测绘赛项纳入教育部主办的全国职业院校技能大赛,同时,测绘技能大赛在各省、各高职院校全面推开,涉及测绘计算器编程、数字测图、一级导线测量、二等水准测量、无人机测绘等项目。目前,各职业院校在工程测量、测绘地理信息、摄影测量与遥感等多个专业均举办技能竞赛活动,促进了技能拔尖人才培养。

2012 ~ 2018 年连续举办了七届全国职业院校高职组测绘技能大赛,参赛院校近 500 校次,参赛学生 2 000 余人,为国家培养和选拔了技能精湛的技术技能人才。在国赛方案、规程和技术标准的指导下,推动省赛,带动校赛,形成了“政、校、企”全面深度融合的“校赛—省赛—国赛”三级竞赛技术标准体系,竞赛成果融入教学,有力地促进了技术技能拔尖人才和测绘工匠精神的培养。

五、现代测绘地理信息高等职业教育的特征

(一)国家经济建设主导测绘职业教育

改革开放以来,国家以经济建设为中心,把经济发展作为改善人民生活和促进社会进步的基础,取得了举世瞩目的成绩。经济建设,测绘先行。“十二五”末,全国有 300 余所高职院校、200 余所中职学校开设测绘地理信息类专业,保障了国家经济建设对测绘地理信息技术技能人才的需求。近年来,由于国家不断加大对基础设施的建设,以及社会经济发展对地理信息、导航与位置服务需求不断增大,极大地促进了测绘地理信息行业规模发展,对测绘地理信息类专业高技能人才的需求急剧增加。在需求量与就业率的驱动下,测绘地理信息类专业办学点迅速增加,2010 年全国高职测绘类专业办学点仅有 204 个,截至 2019 年,全国高职测绘地理信息类专业办学点增加至 451 个,增幅超过 200%,国家经济建设大力推动了测绘职业教育。

(二)校企联合开展测绘人才培养

高等职业教育的人才培养目标与规格要求表明,高等职业教育是与经济建设结合更为密切的一种特殊类型的教育,也规约了高等职业技术人才仅依靠学校的条件难以实现培养实用型高技能人才的目标,必须与社会企业紧密结合。以服务为宗旨,以就业为导向,校企合作,工学结合,在我国已经被普遍认同为高等职业教育的基本定位和必由之路。

学校与企业紧密合作,以培养学生的全面素质、综合能力和就业竞争力为目标,利用学校和企业两种不同的教育环境和教育资源,采取课堂教学与学生参加实际工作有机结合,把学习与工作的结合贯穿于教学过程之中,培养适合不同用人单位需要的技术技能人才。

校企联合培养表现在:企业介入测绘人才培养过程,注入人力、设备、资金和技术,与学校共建实训室,合作开发工学结合教材,制订人才培养方案,共同承担起人才培养的社会责任,促进测绘人才培养与用人需求的双向流动。学校在人才培养中发挥主导作用,利用师资、课程、场地等教学资源开展系统性的教育教学,帮助学生构建完整的专业基础理论及技能;行业企业在人才培养中承担行业指导和生产育人的角色,在各阶段的能力培养

中全程参与,并在顶岗实习中承担主要指导工作。学校和企业作为育人双主体,逐步建立长期稳定的合作关系,优势互补,资源共享。校企融合使专业办学与产业发展更好地对接,使教学与生产更好地结合。

(三)人才培养模式百花齐放

目前,我国测绘地理信息类高等职业教育人才培养模式大体上有如下几种:

(1)"订单式"人才培养模式。这是一种学校与企业签订人才培养协议,共同制订人才培养计划,共同组织教学,学生毕业后直接到企业就业的人才培养模式。

(2)"2+1"人才培养模式。学生前两年在学校学习和生产实习,第三年到企业顶岗实习和毕业设计的模式。该模式的突出特点是增强了学生的动手能力,缩短了学生走上工作岗位后的适应期。

(3)"工学交替"人才培养模式。是一种学校与企业共同制订人才培养方案,学生在企业生产实习与学校学习相互交替,学用结合的教育模式。

(4)"现代学徒制"人才培养模式。现代学徒制是将传统的学徒培训与现代学校教育思想结合的一种企业与学校合作的职业教育制度,是一种新型的职业人才培养实现形式。其鲜明的特征是校企联合双元育人和学生双重身份(学校的学生、企业的学徒)。

归纳起来,以上人才培养模式具有以下几方面的特征:

第一,职业性特征——适应岗位需求,培养职业素养。测绘地理信息工作是一项具有鲜明的行业特色的职业,从业人员的职业道德是在测绘地理信息活动过程中形成的,具有鲜明的行业特色和职业特点,为从业人员普遍认同和自觉遵守的基本行为准则。通过完整的工作过程和真实的工作环境,可培养学生吃苦耐劳的敬业精神、一丝不苟的工作作风、严谨细致的工作态度和协同作业的团队精神。

第二,实践性特征——重视学做合一,突出技能培养。将学习与工作相融合,让学生在工作中学习,在行动中学习。实现理论与实践学习的结合,学习知识与建立职业认同感相结合;符合职业成长规律与遵循技术、社会规范的结合;学校教育与企业工作实践相结合。

第三,开放性特征——面向企业教学,社会参与培养。学校的教育资源与企业的生产资源相结合;专业的设置与行业产业的发展相结合;课程和课程内容的设置与职业岗位的要求相结合;学校教育环境与真实职业场景相融合。这种开放性体现在教学资源的开放——社会资源(教师、设备、场地、工作项目等)进入学校教育;教学过程的开放——工作与学习的交替或融合;学生身份的开放——学生与员工的双重性;办学机制的开放——学校与企业的合作具有互惠互利、双向选择的市场特征。

第二章 测绘地理信息产业发展现状

第一节 概 述

地理信息是人类在经济社会活动中获取或形成的、主要描述事物或者现象的地理位置、时空分布及其动态特征和相关自然社会属性的信息，是重要的基础性信息资源，是国家信息资源的重要组成部分，广泛应用于经济社会发展各领域。

测绘地理信息产业包括航天航空遥感、大地与工程测量、装备制造、相关软件开发、应用工程服务、导航定位及位置服务、地图制作与出版等主要产业内容。地理信息产品包括数据产品、相关硬件、软件以及系统集成，测绘地理信息服务包括产品服务、应用服务和技术服务。测绘地理信息产业链由地理信息获取与加工、硬件制造、软件研发、数据与系统的生产、开发和服务等构成。现代测绘技术为测绘地理信息产业发展提供了技术支撑，测绘标准为测绘地理信息产业制定应用标准提供了重要依据，测绘成果为测绘地理信息产业发展提供了基础信息资源。因此，测绘是测绘地理信息产业的重要组成部分，是地理信息产业的基础。

一、全球测绘地理信息产业现状

地理信息产业是当前全球一个非常热门的高新技术产业，即使在全球经济和地区经济持续低迷的情况下，许多国家仍不断增加在地理信息产业方面的投入。2013 ~ 2018 年全球对地观测产业产值稳健增长，据统计，2017 年全球对地观测领域市场规模达到 500 亿美元，同比增长 11.4%，如图 2-1 所示。

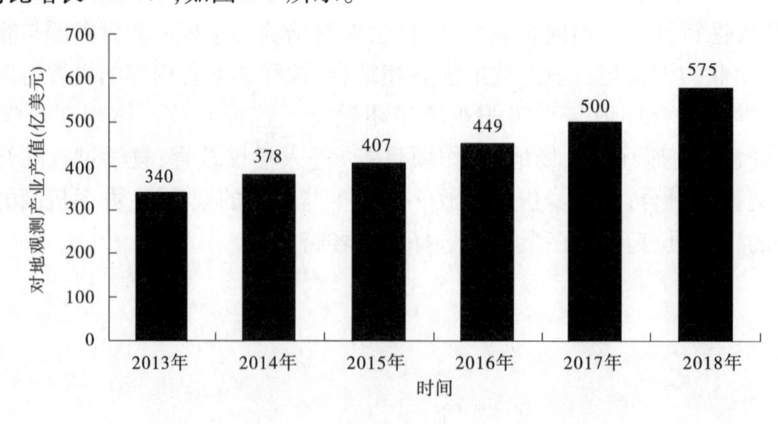

图 2-1 2013 ~ 2018 年全球对地观测产业产值情况

在全球信息化进程加速和经济形势复杂严峻的大背景下，测绘地理信息产业发展迅速，产业成熟度不断提升，与经济社会发展的联系不断增加；云计算、物联网、自动化机器人、深度学习和人工智能等共同驱动地理信息产业发展模式、发展重点、政策框架等发生了深刻变革。

2013 年，由 Google 公司委托 Oxera 经济咨询公司开展的关于地理信息服务的研究中指出，全球地理信息产业收入达到 2 700 亿美元，地理信息服务为全球节省了 11 亿 h 的工作时间，创造了约 1 000 亿美元的附加价值。据地理信息世界论坛 2017 年出版的《全球地理信息产业展望报告》估计，地理信息产业产值的年复合增长率达到了 15% ~20%，全世界范围内地理信息产业为经济社会带来的间接效益超过 5 000 亿美元。

放眼全球，地理信息产业发展空间特征与世界经济社会发展状况高度吻合。2017 年《全球地理信息产业展望报告》对全球 50 个主要国家的地理信息综合能力进行了排名，其中在产业能力方面对产品供应商、服务供应商和解决方案供应商的情况进行综合评分，得分最高的前十个国家分别是美国、加拿大、英国、德国、荷兰、日本、西班牙、中国、比利时和俄罗斯。美国、加拿大地理信息产业发展起步早、产业规模较大、市场机制成熟、主导技术和专利拥有量多，组成了地理信息产业发展的第一梯队；欧洲、日本等快速跟进，核心科学技术带动产业发展理念强、政府扶持产业发展力度大，组成了地理信息产业发展的第二梯队；以中国、俄罗斯、印度为代表的“金砖国家”虽然产业发展起步较晚，但凭借强大的科研实力和价格优势迅速占领了地理信息产业的细分领域，并呈现出快速扩张的势头，组成了地理信息产业发展的第三梯队。

二、我国测绘地理信息产业现状

改革开放以来，我国地理信息产业从无到有，进入了发展壮大、转型升级的新阶段，发展环境不断优化，地理信息资源开发利用的社会认知度不断提高，社会需求更加旺盛。用户群体从以政府为主转向政府、企业和大众并重，规模不断扩大。市场主体日趋多样化，市场准入、信息安全等方面的政策法规和规范标准逐步完善，竞争有序的市场环境初步形成。

（一）产业政策

自 2014 年 7 月《国务院办公厅关于促进地理信息产业发展的意见》（简称《意见》）出台以来，相关部门和地方先后出台了一系列相应政策，进一步推动了《意见》精神的贯彻落地。国家测绘地理信息局联合国家发展和改革委出台《国家地理信息产业发展规划（2014 ~2020 年）》，提出产业发展的总体要求、重点领域，明确主要任务和政策措施。此外，国家测绘地理信息局修订并印发《测绘资质管理规定》和《测绘资质分级标准》，总体上降低了行业准入门槛，强化对从事地理信息相关企业单位的引导、规范、协调和服务，为企业发展营造更加宽松、有序的发展环境，推动地理信息市场健康发展。国家测绘地理信息局制定了《国家测绘地理信息局立法规划（2015 ~2020 年）》，将“促进地理信息应用”作为七个立法重点之一。各地依托现有产业资源和人才资源，有针对性地对贯彻落实《意见》精神进行了部署，目前已有浙江、湖北、吉林、江苏、新疆等 20 个省（区）人民政府出台了促进地理信息产业发展的鼓励性政策文件。在国家对地理信息产业的重视和支持下，地理信息产业环境持续优化，地理信息消费环境持续改善，地理信息产业规模快速增长、质量效益不断提升。

(二)产业规模

20世纪90年代以来,我国测绘地理信息产业发展迅速,2010年从业单位近2万家,产值近1 000亿元人民币,“十一五”期间年均增长率超过25%。“十二五”以来,地理信息产业总产值稳步增长,产业服务总值年增长率30%左右。其中,2015年总产值为3 630亿元,增长率约22%。根据中国地理信息产业协会《中国地理信息产业发展报告(2019)》统计,截至2018年底,测绘单位从业人员超过48万人,同比增长6.3%。根据实际监测数据,2018年我国地理信息产业总产值同比增长率约为15%,总值约为5 957亿元,如图2-2所示。2019年上半年新注册企业数超过1.12万家,新增测绘资质单位600余家,以上数据表明,我国测绘地理信息产业规模持续扩大,产值保持两位数增长,产业结构继续优化,创新能力不断提升,融合发展效应显著,我国地理信息产业已进入向高质量发展的转型阶段。

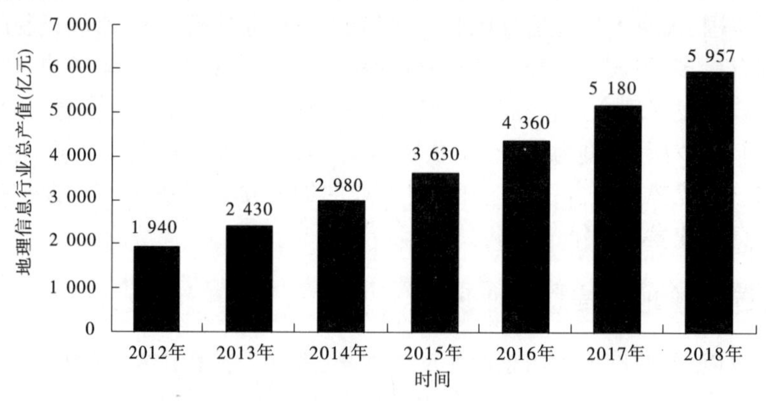

图2-2　2012～2018年中国地理信息行业产值情况

(三)产业结构

2019年中国地理信息产业百强企业中,民营企业74家,较2018年增加2家,较2014年增加9家。目前,上市挂牌地理信息企业中,民营企业占92%。截至2018年底,2.01万家有测绘资质单位中民营企业占58.6%;有民营资质的企业完成服务总值547.8亿元,同比增长34.1%。在导航、互联网地图、商业遥感、GIS软件、测绘仪器制造等领域,民营企业的表现更为突出,基本占据主导位置。产业结构继续优化,民营企业占比不断增大。龙头企业发展较快,但规模还比较小。业务来源仍以传统测绘和政府用户为主,国际市场开拓有新的突破,还有很大发展空间。

(四)产业环境

《中国地理信息产业发展报告(2019)》显示,截至2019年6月底,北斗系统在轨工作卫星共36颗,其中北斗三号卫星22颗。2019年已发射3颗,还将发射5～7颗。我国在轨的高分卫星、陆地观测卫星、海洋观测卫星和大气观测卫星已达27颗。其中,自然资源部拥有14颗。商业遥感卫星发展势头强劲,在轨卫星已经超过30颗。其中,“高景一号”是首个完全由中国制造、发射和运营的0.5 m分辨率商业遥感卫星星座,“珠海一号”是国内目前唯一完成发射并组网的商用高光谱卫星星座,“吉林一号”是2019年新发射的高分03A星，具备低成本、低功耗、低重量、高分辨的特点。2019年，“吉林一号”发射9颗卫星，“珠海一号”发射5颗卫星。显而易见，基础设施建设加速发展。

目前，移动、联通、电信等通信公司，百度等搜索公司，阿里、美团、顺丰、京东、滴滴等互联网商业公司，在开展自己业务的同时产生了大量的地理信息和位置数据，形成了地理信息大数据。例如，用户活动数据、个人和群体轨迹数据、车辆轨迹数据、配送员轨迹数据、消费数据等。对于这些新的数据源，各公司一方面在尝试自行开发利用，另一方面也可能形成新的产业合作生态，催生新的产品服务，形成新的市场空间。

越来越多的企业积极开展校企合作、推进产教融合，通过组织竞赛，设立奖学金、助学金和教育基金，共建教学实践基地，捐赠仪器设备和软件、数据等多种方式，促进了人才培养、教学，为产业发展提供了人才保障。

（五）产业特点及存在的问题

1. 特点

目前，我国测绘地理信息产业发展形成了以下特点。

1）产业基础设施日益完善

北斗卫星导航系统加快建设，服务范围已覆盖亚太地区。自主航天遥感对地观测体系初步形成，高分辨率遥感测图卫星实现了从无到有的跨越，地面接收、处理、分发、应用体系基本形成。

2）现代测绘基准体系进一步完善

地理信息资源共享和服务设施日臻完善，国家自然资源和地理空间基础信息库一期工程建成并投入试运行，国家地理信息公共服务平台“天地图”正式为政府和社会提供服务。

3）产业规模迅速扩张

企业融资能力大幅提高，参与国际竞争的能力明显增强。新应用、新服务不断产生，互联网搜索和电子商务提供商、通信服务提供商、汽车厂商等纷纷涉足地理信息应用领域，形成了遥感应用、导航定位和位置服务等产业增长点。

4）核心竞争力逐步提高

人才培养力度大幅提高，引进、选拔和评价政策逐步完善，队伍规模进一步扩大、结构进一步优化。自主创新能力持续增强，专利数量逐年增长。国产地理信息系统软件技术水平已与国外同类软件相当，国内市场占有率已超过50%。测绘和地理信息装备制造技术水平明显提升、企业规模不断扩大，国产装备已出口100多个国家和地区。

2. 存在问题

1）企业规模偏小

中国地理信息产业目前总体规模不大，企业聚集程度不高，在企业资本、服务能力、用户规模、社会影响等方面还无法与发达国家抗衡。

2）缺乏自主研发

我国测绘地理信息事业自主研发能力不强，知识产权不足10%，90%的高端测量仪器还是被发达国家所垄断，特别是软件及解决方案也是依赖国外的先进技术。

三、我国测绘地理信息产业的发展态势

当前，我国经济发展进入新常态，经济增长速度由高速转入中低速，经济结构优化升级，经济发展方式由要素驱动、投资驱动转向创新驱动。新常态下，测绘地理信息产业保持高速发展，全国测绘地理信息产业产值连年保持15%以上的增速。测绘地理信息产业不仅在国土资源管理、环境保护、城乡建设、交通运输、水利、林业、旅游等传统服务领域广泛开展服务，而且在调整经济结构、转变发展方式、推进生态文明建设等战略中的作用也日益突出。到2020年，政策法规体系基本建立，结构优化、布局合理、特色鲜明、竞争有序的产业发展格局初步形成。

（一）产业链将进一步延伸

在大数据时代，基于物联网、云计算、互联网技术发展的大数据技术将对地理信息服务业产业链的各个环节产生全方位的影响，引起了地理信息服务业产业链结构的调整，主要表现为产业链变长的趋势。目前，地理信息产业的产业链环节主要为地理信息数据采集、数据处理和数据产品及应用服务。在大数据时代，地理大数据分析与挖掘可以直接创造价值，为用户提供服务。而地理大数据分析与挖掘需要掌握专门的技术，还需要一定的行业背景，因此很可能发展成为一个独立增值的产业链环节。此外，地理数据与其他大数据的集成，地理大数据的存储、管理与运营都需要专门的设备和技术，在大数据时代，也很有可能发展成为一个独立的产业链环节。

（二）"互联网＋测绘"将成为行业新常态

近年来，随着互联网时代的深刻变革，云计算、大数据、物联网等智能化技术的发展对测绘科学不断渗透，地理信息服务业的产业结构、产品内容及服务范围发生了重大变化，"互联网＋测绘"将成为地理信息服务业的新常态。

"互联网＋测绘"综合运用移动互联网技术、众源地理信息技术和现代测绘技术等手段实现基础数据采集，并利用云计算、数据挖掘、深度学习等智能技术实现测绘地理信息大数据管理，逐步实现测绘数据从信息服务到知识服务的转变，最终全面实现测绘手段和成果应用的进一步转型升级，是智能测绘、泛在测绘与知识服务为一体的新一代测绘体系。

（三）行业内企业向综合性和个性化方向发展

在大数据时代，以需求为导向的地理信息服务企业主要向两个方向发展。一是综合性，即地理信息服务企业提供的服务从单一内容的服务向多类型服务发展，从满足单一需求向提供整体解决方案发展，从提供某一种产业活动向提供多种产业活动发展。地理信息服务企业的综合化发展趋势同时也顺应和体现了地理信息技术的发展趋势。近年来，"3S"技术趋于融合发展，地理信息服务领域的内外业一体化、软硬件一体化也更加明显，同时，云计算、物联网、大数据等技术的发展，也使地理信息服务企业提供应用整体解决方案服务成为可能。二是个性化，在大数据时代，利用大数据发现需求、挖掘各类信息、解决各类问题的需求将迅速增长，公众用户的个性化产品发展空间广阔。

（四）行业跨界融合

"地理信息＋"将地理信息行业多年发展积累的数据资源整合盘活，预示着重构模式

创新产品的信息能源创新时代已经来临。“地理信息 +”行动战略的提出与推进，让地理信息与更多领域跨界融合，催生出许多位置服务的新产品、新服务和新业态，开辟出新的市场空间。

云计算、物联网、大数据、虚拟现实等高技术的使用及其与地理信息的深度融合，使得地理信息的实时获取、快速传输和综合处理能力极大提高，地理信息服务效能不断提升，地理信息技术创新和市场开拓取得新进展。地理信息新产品、新服务不断涌现。产业影响力不断扩大，百度、阿里巴巴、腾讯、华为、中兴、中国移动等大型企业纷纷涉足地理信息产业。

地理信息产业是战略性新兴产业，需要与其他行业融合创新，共同发挥作用。在经济新常态的背景下，移动互联网产业加速发展的机遇与经济下行压力给产业带来的挑战并存，地理信息产业与物联网、大数据等新兴产业正在加快融合，不断催生出新的商业模式和新的服务模式，形成新的业态。

第二节　我国测绘地理信息行业市场现状

一、测绘资质单位现状

随着测绘地理信息行业的发展潜力逐渐被激发，行业内单位自律性不断提高，测绘地理信息市场秩序不断优化，测绘资质单位数量不断增加。2016 年末，全国测绘资质单位总数达到 17 292 家，比 2015 年末净增加 1 361 家。2017 年末，全国测绘资质单位总数达到 18 636 家，比 2016 年末净增加 1 344 家。2018 年我国测绘资质单位数量预计达到 19 774个。2017 年我国测绘地理信息服务总值为 1 042.95 亿元，测绘资质单位服务总值 1 024.93亿元；2018 年测绘地理信息服务总值估计为 1 141.21 亿元，测绘资质单位服务总值估计为 1 122.36 亿元。图 2-3 ~ 图 2-7 显示了我国 2011 ~ 2018 年中国测绘地理信息行业测绘资质单位情况。可以看出，我国测绘地理信息产业呈现出蓬勃发展、快速增长的良好态势。

（一）测绘资质单位数量不断增加

图 2-4 显示了我国 2011 ~ 2018 年测绘资质单位数量不断增加的趋势。丙级资质单位增幅最大，乙级次之，甲级资质单位增幅次于乙级、丙级，丁级增幅最小。近年来，民营企业发展较快，截至 2017 年 8 月底，测绘资质单位中民营企业数量达 11 264 家，占比达 62%。但民营企业资质等级相对较低，大多集中在丙、丁级资质，劳动生产率不高。按照工信部“人员 300 人以下或产值 1 亿元以下”的标准，90% 以上的企业为中小微企业，90% 的中小微地理信息企业主要从事数据生产，从事软件开发和地理信息增值服务的较少。

（二）甲级资质单位持续稳居市场主体地位

2018 年末，甲级测绘资质单位有 1 193 家，仅占资质单位总数的 6.03%，但完成的服务总值约占全部资质单位服务总值的 58.70%。甲级单位凭借其在人员素质、技术力量、产业规模等方面的优势，牢牢占据了测绘地理信息市场的主体地位，如表 2-1 和图 2-5 所示。

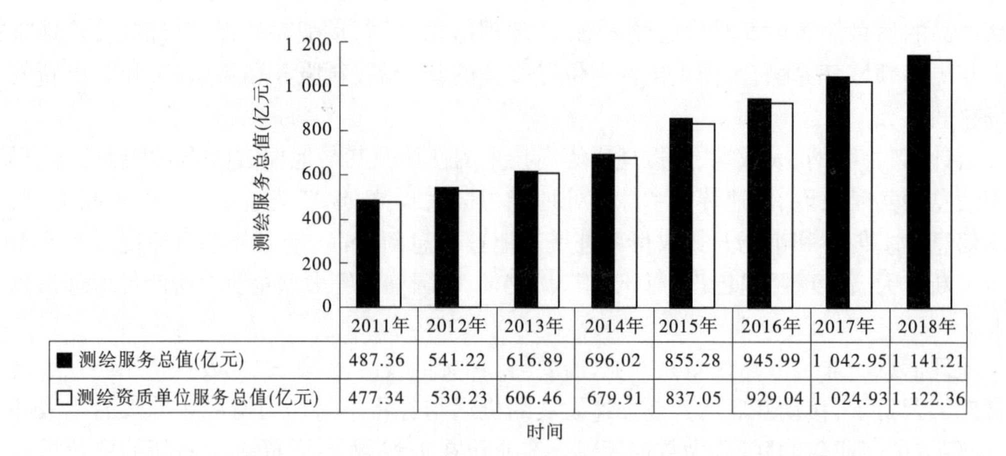

	2011年	2012年	2013年	2014年	2015年	2016年	2017年	2018年
■测绘服务总值(亿元)	487.36	541.22	616.89	696.02	855.28	945.99	1 042.95	1 141.21
□测绘资质单位服务总值(亿元)	477.34	530.23	606.46	679.91	837.05	929.04	1 024.93	1 122.36

图 2-3　2011～2018 年中国测绘地理信息行业测绘资质单位服务总值情况

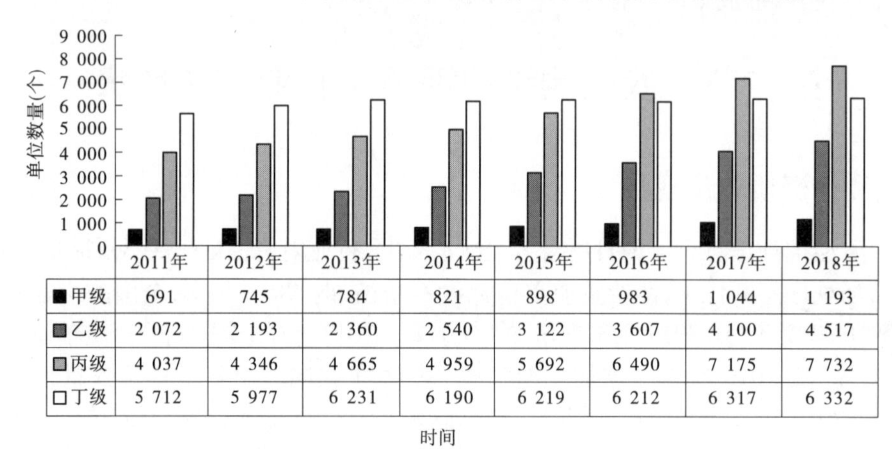

	2011年	2012年	2013年	2014年	2015年	2016年	2017年	2018年
■甲级	691	745	784	821	898	983	1 044	1 193
■乙级	2 072	2 193	2 360	2 540	3 122	3 607	4 100	4 517
■丙级	4 037	4 346	4 665	4 959	5 692	6 490	7 175	7 732
□丁级	5 712	5 977	6 231	6 190	6 219	6 212	6 317	6 332

图 2-4　2011～2018 年测绘资质单位数量

表 2-1　2018 年各等级测绘资质单位总体情况比较

资质单位等级	单位数		测绘服务总值		年末从业人员		劳动生产率（万元）
	数量（家）	所占比重（%）	数量（亿元）	所占比重（%）	数量（万人）	所占比重（%）	
甲级	1 193	6.03	658.83	58.70	15.60	33.00	42.23
乙级	4 517	22.84	283.96	25.30	16.64	35.20	17.06
丙级	7 732	39.10	130.19	11.60	10.49	22.19	12.41
丁级	6 332	32.02	49.38	4.40	4.54	9.60	10.88

(三)从业人员规模不断扩大

随着测绘地理信息行业的扩张，行业从业人数快速增加。如图 2-6、图 2-7 所示。2017 年行业从业人数达到约 45.7 万，其中，测绘资质单位从业人员约达 45.3 万；2018 年行业从业人数预计为 47.9 万人，其中，测绘资质单位从业人员预计约达 47.6 万人。从业

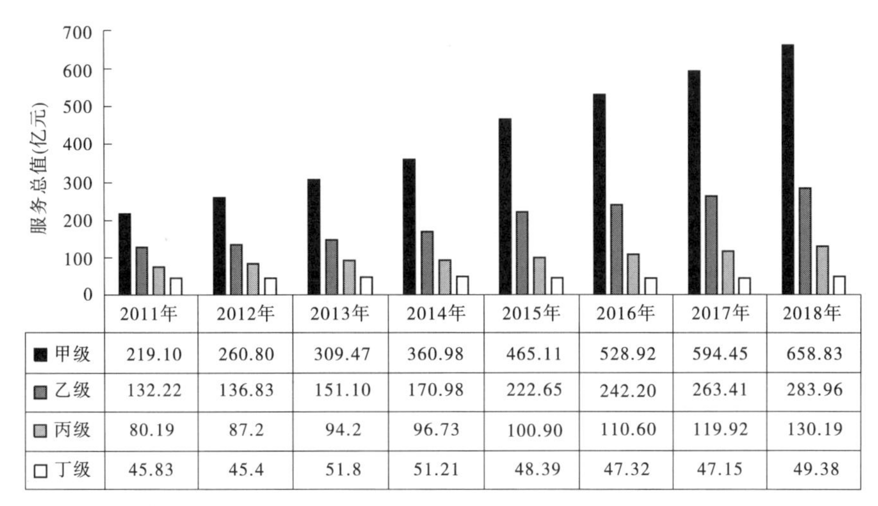

	2011年	2012年	2013年	2014年	2015年	2016年	2017年	2018年
■甲级	219.10	260.80	309.47	360.98	465.11	528.92	594.45	658.83
■乙级	132.22	136.83	151.10	170.98	222.65	242.20	263.41	283.96
■丙级	80.19	87.2	94.2	96.73	100.90	110.60	119.92	130.19
□丁级	45.83	45.4	51.8	51.21	48.39	47.32	47.15	49.38

图 2-5　2011 ~ 2018 年不同测绘资质单位服务总值情况

人员中,大学本科及以上学历占总数的 57.8%,其中硕士研究生及以上学历占总数的 12.5%。2018 年末,测绘地理信息系统共有专业技术人员约 1 940 人,其中高级专业技术人员数量约 3 756 人,测绘专业技术人才的整体素质需进一步提升。

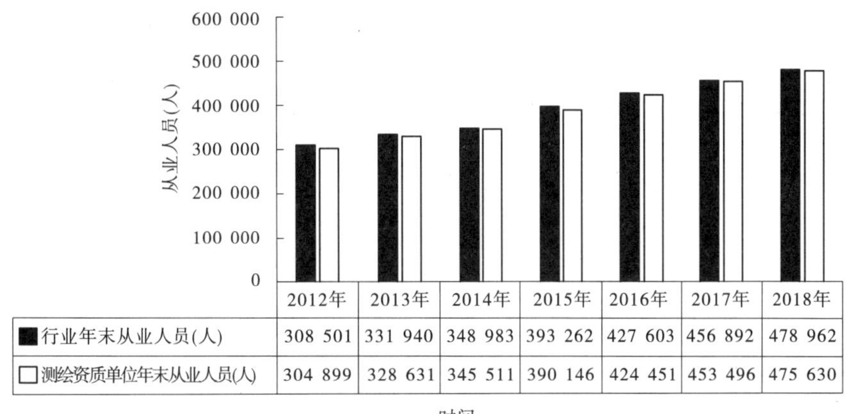

	2012年	2013年	2014年	2015年	2016年	2017年	2018年
■行业年末从业人员(人)	308 501	331 940	348 983	393 262	427 603	456 892	478 962
□测绘资质单位年末从业人员(人)	304 899	328 631	345 511	390 146	424 451	453 496	475 630

图 2-6　2012 ~ 2018 年我国测绘地理信息行业年末从业人员情况

(四)资质单位分布不均衡,产业集聚态势显现

从地域分布上看,京津冀、江浙沪、广东等地成为主要的地理信息产业集聚地,百强企业、资质单位、人员数量占比较高。从城市层次上看,甲级测绘资质单位主要集中在直辖市、省会以及副省级城市。

二、地理信息服务业现状

(一)地理信息服务业服务总值持续快速增长

地理信息服务业是测绘地理信息产业的核心部分,近年来,随着“一带一路”等国家

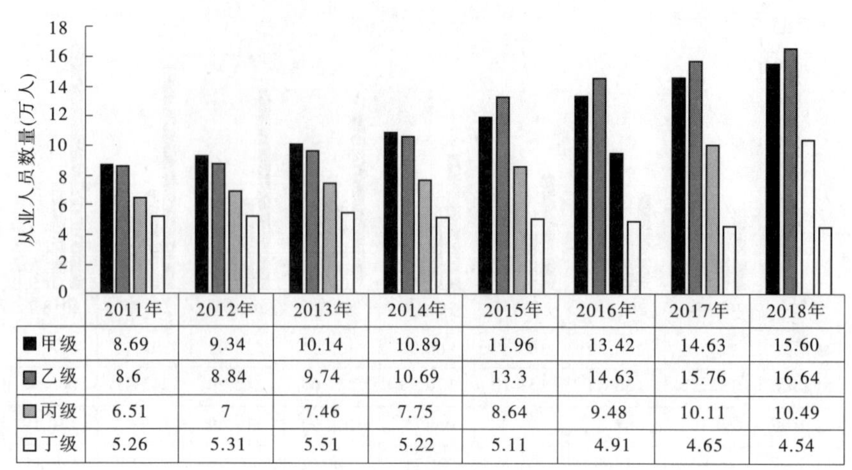

	2011年	2012年	2013年	2014年	2015年	2016年	2017年	2018年
■甲级	8.69	9.34	10.14	10.89	11.96	13.42	14.63	15.60
■乙级	8.6	8.84	9.74	10.69	13.3	14.63	15.76	16.64
■丙级	6.51	7	7.46	7.75	8.64	9.48	10.11	10.49
□丁级	5.26	5.31	5.51	5.22	5.11	4.91	4.65	4.54

图2-7　2011~2018年不同测绘资质单位从业人员数量

战略的提出,地理国情监测、不动产统一登记、第三次国土调查等一系列国家重大项目和重点工作的启动,国家现代测绘基准体系基础设施建设的推进,基础地理信息数据更新速度的加快,数字城市及智慧城市应用范围的不断扩大,地理信息服务总值持续快速增长。

统计数据显示,2011年我国地理信息服务总值为487.36亿元,过去几年一直保持稳定的快速增长态势,年复合增长率达14.18%,远高于同期我国GDP增长率,2016年增长到945.99亿元,2018年预计增长到1 141.21亿元。

“十三五”期间,随着测绘地理信息产业的快速发展,地理信息服务业势必也将得到快速发展。根据原国家测绘地理信息局的数据,按2016年地理信息服务业服务总值945.99亿元占地理信息产业总产值4 360亿元的21.70%的比例测算,到2020年,地理信息服务业服务总值将达1 736亿元,市场空间广阔。

(二)测绘服务在地理信息服务业中占据主导地位

测绘作为地理信息数据的主要来源,在地理信息服务业中居于主导地位。从服务总值来看,统计数据显示,2016年地理信息服务业中主营业务为测绘的有资质单位完成服务总值673.26亿元,占地理信息服务业有资质单位完成服务总值的比例为72.47%。

从4D数字测绘产品完成情况来看,地理信息服务业主营业务为测绘的有资质单位近年来完成的4D数字测绘产品一直保持快速增长态势。统计数据显示,2011年共完成4D产品37.25TB,2016年共完成4D产品245.97TB,年复合增长率高达45.87%。

(三)航空摄影测量应用广泛

航空摄影测量应用越来越广泛,高分辨率影像航摄、机载LiDAR航摄、倾斜航摄等逐渐成为行业趋势。

航空摄影测量是获取空间地理信息的重要手段,也是国家基础测绘的重要组成部分。随着数字城市、智慧城市、交通、第三次全国土地调查、不动产测绘等重大工程对数据获取和应用的需求越来越大、质量越来越高、响应和更新速度越来越快,航空摄影测量应用越来越广泛。根据原国家测绘地理信息局的统计数据,2016年,仅测绘地理信息系统内单位全年获取的航空影像面积达 149.51 万 km^2。

随着机载 LiDAR、倾斜航空摄影、无人机航空摄影等航摄新技术的不断发展应用，获取能力逐步增加，航空数据种类更加丰富。统计数据显示，在 2016 年获取的基础航空影像中 0.2 m 以内高分辨率影像为 47.56 万 km^2，占总获取面积的 31.81%。国家航空航天遥感影像获取测绘专项招标投标已逐步开展机载 LiDAR 航摄、倾斜航摄等项目。随着测绘地理信息服务业对高精度地理信息数据需求的日益增长，高分辨率影像航摄、机载 LiDAR航摄、倾斜航摄等已成行业趋势。

三、测绘地理信息技术装备发展状况

从测绘学发展到测绘地理信息学，经历了学科的大交叉大融合，从单一学科走向多学科的交叉，显示现代测绘学正向着近年来兴起的一门新兴学科——地理空间信息科学（Geo - Spatial Information Science，简称 Geomatics）跨越和融合，成为以建立航空航天、地面和海洋等平台来获取外界及其目标物的特征、位置、属性及其相互关联的学科。全球导航卫星系统（GNSS）、遥感技术（RS）、地理信息技术（GIS）、计算机技术、通信技术和网络技术的发展极大地推动了现代测绘科学技术的发展，测绘地理信息理论与技术取得的巨大成就离不开空间技术和计算机技术的发展，未来测绘地理信息理论与技术的发展同样离不开先进测绘仪器的出现和测绘地理信息其他相关学科的发展。

（一）地面测量技术装备发展状况

现代测绘工作中使用的地面经典仪器已从光学仪器，发展成为光、机、电、算一体化和智能化的现代光电仪器。地面测量技术装备主要包括测量机器人、三维激光扫描仪、移动测量系统、数字近景摄影测量。

1. 测量机器人

测量机器人是一种智能型电子全站仪，是一种集自动目标识别、自动照准、自动测角与测距、自动目标跟踪、自动记录于一体的测量平台。它通过多种传感器对现实世界中的“测量目标物”进行识别、分析，得出推理结果，实行全自动操作，从而取代人工测量操作来完成某项特定的测量任务。测量机器人可以根据指令完成各种艰巨的、测量条件恶劣的工程测量任务，无论是隧道施工还是建筑工程施工，无论在地上还是在地下，都能体现它的高可靠性和高精度。尤其适合不间断的连续作业，如建筑物监测、机械引导等。可用于无人变形监测系统、水上测量系统、工业测量系统等，也适合在局部范围内为专题 GIS 获取或更新地表空间信息。测量机器人自动观测不受观测员技术水平、经验、情绪、精力等人为因素的影响，降低了劳动强度，提高了工作效率和生产效益。使用测量机器人进行观测，再配之以内业数据处理与管理软件，使得数据采集、数据处理、内业检查初步实现了一体化功能，作业质量得到了显著提高。

2. 三维激光扫描仪

三维激光扫描仪采用激光测量的方法，不接触目标物本身，通过采集大量点云数据来描述目标物表面的形态位置特征。其工作原理为发射器发出高速激光来扫描目标物，接收器接收信号，并对信号进行处理，把处理的数据用软件进行后处理，最后获取最终测量成果数据。地面三维激光扫描中的关键技术有：点云数据的预处理，主要包括点云数据去噪、点云数据的平滑、点云数据的简化;点云数据分割;点云数据的三维模型重建。由于三维激光扫描仪可以密集地大量获取目标对象的数据点,因此相对于传统的单点测量,三维激光扫描技术也被称为从单点测量进化到面测量的革命性技术突破。目前,广泛应用在文物数字化保护、土木工程、工业测量、自然灾害调查、数字城市地形可视化、城乡规划等领域。在测绘工程领域的应用主要包括:大坝和电站基础地形测量,路桥、河道和建筑物地基等测绘,隧道的检测及变形监测、大坝变形监测、地下工程测量及体积计算等。

3. 移动测量系统

移动测量系统是一种通过把先进的传感器和摄影仪安放在车载、机载、船载等平台上来快速高效地获取测量影像数据的摄影测量系统,可以说,当前移动测量技术代表着当今世界最尖端的测绘科技。一般而言,大部分移动测量系统都是运用 3S(GNSS、RS、GIS)集成原理,其典型代表为测绘车。我国于 2011 年 9 月研制出第一台测绘车,叫国家地理信息应急监测车,它利用 3S 技术、网络通信技术等先进测绘地理信息技术,实现快速获取灾区实时数据,快速自动构建三维立体模型,对灾情进行立体判别和解读,为紧急救灾、现场应急等提供辅助决策。

4. 数字近景摄影测量

近景摄影测量是通过摄影测量的方法,研究目标物体的外形、尺寸以及运动状态等。通过近景摄影测量的方式获取物体真实尺寸并建立起三维模型,为数字化城市数据库的建立提供了必要的测量数据,同时为许多生产和生活领域提供了必要的量测依据。

(二)空间测量技术装备发展状况

目前,最主要的空间测量技术有 5 种,即全球导航卫星系统、遥感技术、合成孔径雷达技术、机载 LiDAR 技术、无人机航测系统等。

1. 全球导航卫星系统

全球导航卫星系统简称 GNSS,是所有在轨工作的卫星导航系统的总称;我国的北斗导航卫星系统(BDS)、美国的全球定位系统(GPS)、欧盟的伽利略(Galileo)卫星导航系统以及俄罗斯的“全球导航卫星系统”(GLONASS)一起被联合国卫星导航委员会确认为全球四大卫星导航系统,其中以美国的 GPS 建立最早,系统最为完善,导航定位服务最好,全球用户最多。它由空间部分、地面控制系统、用户设备部分三部分组成,其中空间部分由 24 颗卫星组成(其中有 3 颗是备用卫星),24 颗卫星均匀分布在倾角为 55°的 6 个轨道面上。不考虑其他因素,理论上的 GPS 用户只要接收其中任意 4 颗卫星就可以获取位置坐标信息。近几十年来,GPS 得到了广泛应用。我国从 2000 年开始建立本国自主的卫星导航系统,截至 2015 年 9 月底共发射了 20 颗导航卫星,2020 年左右完成覆盖全球的建设目标。北斗卫星导航系统(BDS)由空间星座、地面控制和用户终端三大部分组成,服务方式为免费开放服务和授权服务两大方式,定位精度为平面 25 m,高程 30 m,测速精度为 0.4 m/s,授时精度为 50 ns(纳秒)。目前,我国有很多测绘公司,正在研究与其他卫星导航系统能兼容的北斗用户终端。北斗卫星导航系统打破了 GPS 在中国商业应用中的垄断地位,为中国地理信息产业提供了自主可靠的定位系统。北斗卫星导航系统全面组网,成功研制高精度定位芯片,结束了我国高精度卫星导航定位产品“有机无芯”的历史。随着北斗导航卫星系统的日益完善,更多卫星导航应用将摆脱对 GPS 的依赖,在卫星导航产品供给方面实现国产化。CORS 系统是在全球导航卫星系统基础上建立永久基站，用户可以通过通信网络获取实时地理位置。

2. 遥感技术

我国在遥感技术方面处于世界前列，目前我国已发射天汇一号 01、02 号，资源一号 02C，资源三号，高分一号，高分二号等高分辨率遥感卫星。资源三号 01 和 02 号卫星相继成功发射，实现双星在轨运行，打破了外国立体测图卫星垄断的局面，开启了我国航天测绘的新时代。资源三号采集的遥感影像以 2 m 分辨率为主，运行近三年时间为测绘地理信息应用提供了丰富的数据。高分二号卫星发射成功，标志着我国遥感卫星分辨率进入 1 m 级时代。"高分"系列卫星覆盖了从全色、多光谱到高光谱，从光学到雷达，从太阳同步轨道到地球同步轨道等多种类型，构成了一个具有高空间分辨率、高时间分辨率和高光谱分辨率能力的对地观测系统。作为地理信息产业数据采集的重要来源之一，高分卫星将逐步打破欧美卫星影像对我国商业应用的垄断和控制。

3. 合成孔径雷达技术

合成孔径雷达技术（Synthetic Aperture Radar，SAR），是一种新型的高分辨率微波成像遥感技术，以其特有的全天候、全天时的对地观测优势，可以和传统的遥感技术形成互补。合成孔径雷达，是利用合成孔径原理，实现高分辨的微波成像，具备全天时、全天候、高分辨、大幅宽等多种特点，最初主要是机载、星载平台，随着技术的发展，出现了弹载、地基 SAR、无人机 SAR、临近空间平台 SAR、手持式设备等多种形式平台搭载的合成孔径雷达，广泛用于军事、民用领域。

4. 机载 LiDAR 技术

机载激光雷达（LiDAR）是一种新型主动式航空传感器，通过集成定姿定位系统（POS）和激光测距仪，能够直接获取观测点的三维地理坐标。按其功能分主要有两大类：一类是测深机载 LiDAR 或称海测型 LiDAR，主要用于海底地形测量；另一类是地形测量机载 LiDAR 或称陆测型 LiDAR，正广泛应用于各个领域，在高精度三维地形数据（数字高程模型（DEM））的快速、准确提取方面，具有传统手段不可替代的独特优势。尤其对于一些测图困难区的高精度 DEM 数据的获取，如植被覆盖区、海岸带、岛礁地区、沙漠地区等，LiDAR 的技术优势更为明显。

5. 无人机航测系统

无人机具有灵动、快速、经济、便捷的特征，可以快速高效率地获取高质量、高分辨率的影像。摄影测量中无人机所具备的优点是传统卫星遥感技术无法超越的，更加受到研究者以及生产者的喜爱，极大地扩大了遥感的使用范围和用户群体，具有非常广泛的发展前景。近几年发展起来的无人机倾斜摄影测量技术，改变了传统航测遥感影像只能从垂直方向进行拍摄的限制，通过五个角度对地面情况进行拍摄，获得三维数据可以真实地反映地物的本来面貌，客观再现了地物的外观、结构以及高度等属性，弥补了传统遥感技术的不足。它不仅能够真实地反映地物情况，高精度地获取物方纹理信息，还可通过先进的定位、融合、建模等技术，生成真实的三维城市模型。作为一种新兴的技术方法，倾斜摄影测量技术在三维建模和工程测量中有广泛的前景，倾斜摄影建模数据也逐渐成为城市空间数据框架的重要内容。

第三节　测绘地理信息应用服务

一、基础测绘

基础测绘是建立和维护全国统一的测绘基准和测绘系统，进行航天航空影像获取，建立和更新维护基础地理信息数据库，提供测绘地理信息应用服务等。“十二五”期间，统筹建成2 200多个站组成的全国卫星导航定位基准站网，基本形成全国卫星导航定位基准服务系统。实现我国陆地国土1∶5万基础地理信息全部覆盖和重点要素年度更新、全要素每五年更新，基本完成省级1∶1万基础地理信息数据库建设，为经济建设各领域提供了多样的基础地理信息成果，包括纸质地形图、专题地图、数字线划图等数字成果、测绘基准成果、航摄成果、地图图书等。行政事业单位是基础地理信息成果的主要使用者，多用于政府决策、社会公益事业、涉及公共利益的项目等。另外，数字成果品种越来越丰富，更新速度越来越快，很多利用测绘成果进行再加工的企事业单位不再自己生产原始数据，而更是倾向于直接使用已有的数据。

《测绘地理信息事业“十三五”规划》提出，按照供给侧结构性改革的要求，扩展测绘地理信息业务领域，打造由新型基础测绘、地理国情监测、应急测绘、航空航天遥感测绘、全球地理信息资源开发等“五大业务”构成的公益性保障服务体系。新型基础测绘建设的具体内容可归纳为5个方面：

(1)一张网：建成全国现代测绘基准网。建成全国卫星导航定位基准服务系统，具备覆盖全国及周边地区分米级实时定位、专业应用厘米级实时定位、事后毫米级定位服务能力；建成全国陆海统一，区域无缝对接的新一代高精度厘米级(似)大地水准面；建成我国超高阶的重力场模型和新一代国家重力基准，并改善国家重力基准体系的图形结构和控制精度；完善测绘基准成果数据库及服务系统，实现大地基准、高程基准、重力基准、深度基准等测绘基准数据成果的高效管理与维护，并向政府部门和社会提供数据服务。

(2)一个数据库：完善及动态更新国家基础地理信息数据库。建成全国完整统一的境界数据库、地名地址数据库、交通数据库、水系数据库、地表覆盖数据库、地下管线数据库、地形高程数据库、城市三维数据库、影像数据库等，同时增加要素在人口、经济等方面的重要属性信息。完善扩展基础地理数据库的覆盖范围，获取并建立海洋、我国周边地区以及全球范围的基础地理信息数据库，为维护我国海洋权益、实施“一带一路”倡议、全球战略以及外交、反恐等，提供地理信息服务保障。统筹升级建设国家地理影像数据库，建设具有国际先进水平的国家综合航空遥感体系，实现我国多分辨率、多时相、多类型正射影像数据库的全面覆盖和及时更新。推进基础地理数据库动态更新及应用更新。

(3)一个平台：建设与运行全国地理信息公共服务平台“天地图”。整合利用地理信息数据资源，加快建设政务版“天地图”；开展地理信息综合服务与定位服务；开展地理信息公共服务和应用推广。

(4)系列产品：开发一系列新型测绘地理信息产品。研制开发基础测绘新产品，形成更加丰富、多样化和适用的测绘地理信息数据和地图产品体系；开发生产通用型基础地理信息数据库产品、专用型基础地理信息数据库产品、基本比例尺地图、各种专题地图、公众版地图、图集图册等。

(5)灵性化服务:向社会、政府和公众提供灵性化的地理信息服务。建立分布式基础地理信息分发服务系统,形成全国一体化地理信息服务网络,为用户提供"一站式"地理信息应用服务。完善应急测绘保障服务;构建国家应急测绘保障业务体系,建设应急测绘数据传输网络、国家级应急测绘处理平台;面向移动通信网、互联网、物联网、车联网等领域,开展测绘基准与地理信息综合服务。

二、地理国情普查与监测

地理国情主要是指地表自然和人文地理要素的空间分布、特征及其相互关系,是基本国情的重要组成部分。地理国情普查是一项重大的国情、国力调查,是全面获取地理国情信息的重要手段,是掌握地表自然、生态以及人类活动基本情况的基础性工作。

2013 年,国务院启动了第一次全国地理国情普查工作,查清了我国山、水、林、田、湖等地表自然资源的现状和分布情况、人工设施空间分布情况、公共服务设施分布情况,编制了地理国情普查系列图集,直观反映我国的地理国情状况。按照"边普查、边监测、边应用"的要求,开展了 100 多个地理国情监测示范应用项目,围绕国土空间开发、生态环境保护、资源节约利用、城市空间发展变化、区域总体发展规划等国家重点工作,组织开展了多项地理国情监测试点,形成了一批很有价值的监测成果。

利用地理信息资源优势和技术优势,先后为经济普查、水利普查、林业普查、地名普查、不动产登记、土地确权等重大国情、国力调查,以及南水北调、高铁建设等国家重大工程项目提供测绘地理信息保障服务。

2018 年,伴随着自然资源部的成立,自然资源调查评价监测不再是某单一自然资源要素或一种属性,而是耕地、林地、草地、湿地等各种类型全覆盖和数量、质量、生态各种属性全涵括的自然资源全要素调查监测。测绘地理信息在自然资源综合监测管理中将支撑自然资源用地分类,提供空间基准和测绘规范,建立自然资源"一张图"。

三、应急测绘

近年来,各类突发事件不断增加,给国民经济造成巨大的损失。各类重大突发事件的应急处置,都需要利用测绘地理信息部门提供的地图和地理信息,作为了解灾情和科学决策的重要载体和依据。在抗击汶川特大地震、玉树强烈地震、舟曲特大山洪泥石流等重大自然灾害和灾后重建中,测绘地理信息部门获取和制作的灾区影像图在应急部门了解灾情、指挥决策、抢险救灾及恢复重建工作中发挥了不可替代的作用。

2015 年 6 月 1 日,国务院批复了《全国基础测绘中长期规划纲要(2015~2030)》,首次明确了应急测绘为测绘地理信息未来发展的三大方向之一,应急测绘是国家突发事件应急救援体系的重要组成部分。

应急测绘保障技术体系包括数据获取、数据处理与信息服务 3 个主要部分。

(一)数据获取

采用航天遥感、航空遥感以及外业数据采集等方式获取现场数据,通过移动监测车将数据传输回数据处理中心。

（二）数据处理

采用遥感影像一体化测图系统、应急快速制图系统以及各种专业测绘软件，将多种类、多来源、多格式的应急数据进行数据融合，形成应急测绘数据成果。

（三）信息服务

将现有的各种数据以及应急测绘采集并处理生成的数据，通过地理信息平台发布地理信息服务，第一时间将应急专题数据提供给应急部门。当发生突发事件时，承担应急任务的各部门根据职责分工迅速开展测绘应急保障工作，启动测绘应急预案。收集已有的测绘成果，利用绿色通道快速供图给相关的应急部门。同时，测绘应急队伍快速集结奔赴现场，获取测绘应急数据，并对数据进行处理与传输，通过快速制图技术制作应急专题图，为应急部门提供应急专题图及测绘地理信息电子地图服务。

随着科技的进步，现代测绘地理信息技术在理论水平、精准程度、应用方向等方面都取得了极大发展，大幅提升了测绘应急保障水平。

四、数字城市建设

数字城市是以计算机技术、多媒体技术和大规模存储技术为基础，以宽带网络为纽带，运用遥感（RS）、全球导航卫星系统（GNSS）、地理信息系统（GIS）、数据库、虚拟现实等技术对城市进行多分辨率、多尺度、多时空和多维描述，使之最大限度地为人类的生存、可持续发展、日常工作、生活和娱乐提供服务。数字城市是数字中国地理空间框架的重要组成部分，通过对多城市地理信息数据的有效整合，为各类与地理位置有关的社会经济信息的集成和共享提供权威、统一的地理空间信息公共平台。

截至2016年底，数字城市地理空间框架已在全国334个地级市和511个县级城市开展建设，其中290个地级市、214个县级城市完成了建设并投入使用，从根本上缓解了城市地理信息资源匮乏的局面，极大地丰富了城市地理信息数据资源；统一了城市测绘基准、数据和标准，搭建了地理信息公共平台，促进了信息资源共享与开发利用；累计开发应用系统6 100多个，涉及众多领域。

五、遥感信息增值应用

近年来，我国多颗高分辨率卫星的成功发射为国家开展基础测绘和地理国情监测提供了稳定可靠的卫星数据源保障，“资源三号”卫星影像全球有效覆盖达7 112万 km^2。目前，遥感信息增值应用正与地理信息系统、全球导航卫星定位导航系统高度集成，共同推进了行业业务的发展。

在国土资源调查方面，根据我国规划，未来5～10年间，土地利用动态遥感监测、土地利用现状调查、土地利用更新调查、基础地质遥感调查、矿产资源遥感调查与评价、矿山环境与地质灾害遥感调查与监测等以遥感卫星为技术基础的各项工作都将全面启动。在这一背景下，高分辨率卫星将为我国国土资源调查、监管、利用提供强大的数据图像支持，其高空间分辨率和高时间分辨率完美结合的应用优势也将实质性凸显。

在农业方面，卫星遥感技术已经广泛地应用到作物面积监测、长势监测、估产、灾害监测、农业环境监测与评价、土壤监测、精准农业、渔业等领域。高分辨率卫星遥感图像成为农业遥感应用的主要数据源。更多高分辨率卫星的研制和应用，将在我国农情遥感监测水平和技术能力的提高、农情遥感监测范围的拓展、农业遥感监测信息安全建设等方面发挥巨大作用。

在环境监测方面，高分辨率卫星产品将利用到开展大型水体水环境、区域环境空气、宏观生态环境、重大环境污染事故与环境灾害、核安全、生物多样性等遥感监测业务应用工作，进一步提高环境监测和保护的能力。

在减灾救灾方面，凭借其在精确性和实时性方面的优势，更多高性能的高分辨率卫星应用将进一步提高地方民政救济救灾部门的灾害管理水平以及专业化服务能力。

此外，高分辨率卫星还将广泛应用到电子政务应用业务、主体功能区规划、城乡建设、交通基础设施规划与建设、水利基础产业、国家统计遥感业务、森林资源和生态环境监测和评价、地震构造调查和地震快速响应、气象预报、海洋环境监测、测绘遥感、应急响应、维稳等方面。

六、社会化测绘地理信息服务

地理信息服务的应用趋势，正在从专业技术领域走向社会化地理信息服务，正在网络化、社会化、大众化，正在飞入寻常百姓家。在万亿级的网络经济、共享经济、数字经济的快速发展背后，有基于位置服务的重要支持。如外卖、网约车、共享单车、共享汽车、电商等 App，都离不开位置服务。

（一）网络地图服务

自谷歌起，国外和国内的互联网巨头均推出了自己的在线地图产品，开展网络地图搜索服务和基于地理位置的增值服务。免费地图服务模式对网络地图的普及应用起到了引领作用，也极大地拓展了地图的使用群体，带来了空间信息的全面社会化。

（二）导航地图服务

全球导航地图市场从 20 世纪 90 年代末开始，目前仍处于快速发展阶段。我国导航地图市场发展尤为迅速，已成为继日本、欧盟和北美之后的又一大导航产品市场。但随着移动智能终端和网络通信的快速发展，导航地图的搭载终端已从车载导航仪、手持导航仪（PND）扩大到手机，服务模式也从单一的导航过渡到综合信息服务和社交服务。CNNIC 数据显示，2012 年中国手机地图用户，使用路线导航和地点查找比例分别为 62.7% 和 45.3%。使用周边生活信息等热点查询比例为 29.2%，签到或位置信息分享比例为 10.4%。2016 年，互联网搜索服务用户中，使用地图搜索服务的用户占比为 69.3%，位居互联网各类搜索服务渗透率的第五名。

（三）移动地图服务

随着智能手机终端的不断成熟和发展，以及 4G 网络的逐渐普及，移动手机端正成为互联网最重要的入口，移动地图的应用领域也在不断扩张。2018 年中国手机地图用户规模为 7.37 亿人。互联网消费的群体逐步扩大，通过地图查询餐饮、旅游、出行、娱乐、社交等生活服务成为常态，为手机地图提供增量空间。这一市场与其他生活、社交等信息服务市场之间的边界正日益模糊，单纯的移动地图服务正向移动位置服务、移动生活服务发展。

第四节 测绘地理信息行业人才需求调研分析

一、调研单位分布

笔者对东北、华北、华东、华中、华南、西南、西北等七个片区的企事业单位进行了全面调研，共覆盖19个省、自治区、直辖市，专业领域涉及测绘地理信息、工程建设、国土资源、矿业、交通、水利、电力等，调研覆盖面广。发放调查问卷120余份，实际回收有效问卷107份。具体各片区调研单位分布见图2-8。

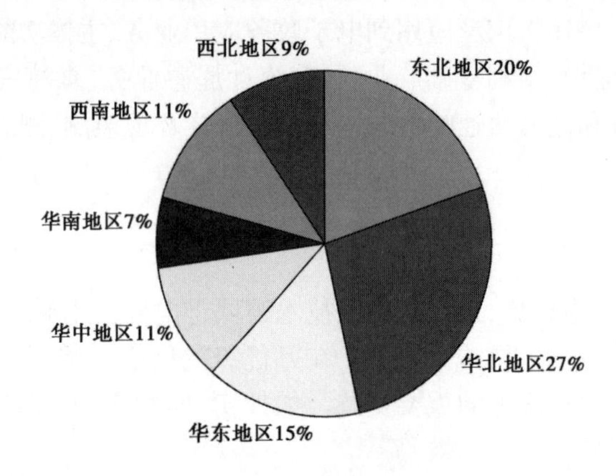

图2-8 各片区调研单位分布

为充分考虑测绘单位性质、规模大小、技术密集型和劳动密集型等状况，对每个片区一定数量的测绘资质为甲级、乙级、丙级、丁级的单位进行了针对性调研，各个片区不同资质单位分布见表2-2。

表2-2 各个片区不同资质单位分布

片区	测绘资质			
	甲级	乙级	丙级	丁级
东北地区	5	11	2	3
华北地区	14	13	2	0
华东地区	9	3	4	0
华中地区	4	7	1	0
华南地区	6	1	1	0
西南地区	4	5	2	0
西北地区	4	6	0	0
合计	46	46	12	3
比例	43.0%	43.0%	11.2%	2.8%

调研单位性质包括国有企业、民营或私营企业、事业单位、政府机关、外资或合资企业

等 5 种类型，其中民营或私营企业最多，占到一半；外资或合资企业最少，仅占 1%。各单位性质所占比例分布情况见图 2-9。

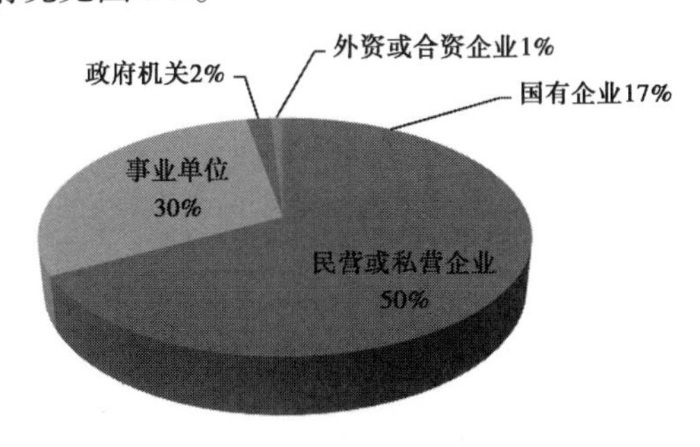

图 2-9　调研单位性质所占比例分布图

调研单位员工人数按 10 人以下、11 ~ 50 人、51 ~ 100 人、101 ~ 200 人、201 ~ 300 人、300 人以上等 6 种规模进行统计。各调研单位员工人数规模分布见图 2-10。

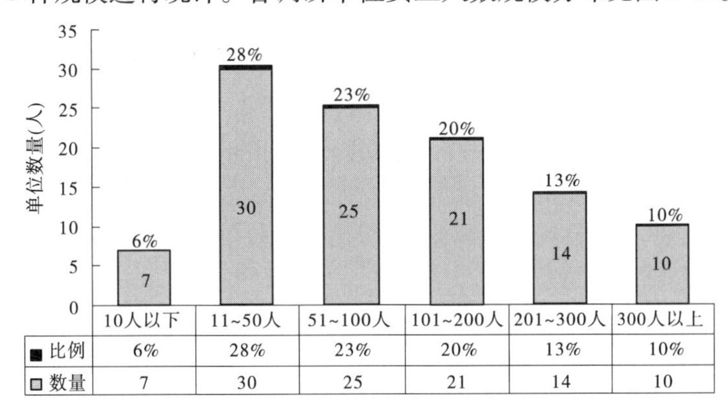

图 2-10　调研单位员工人数规模分布

二、调研单位的人员及装备情况分析

(一) 在职员工学历情况分析

针对调研单位在职员工学历情况，按中专、大专、本科、研究生和其他共 5 类进行统计，见表 2-3 和图 2-11。

表 2-3　在职员工学历状况

学历情况	比例				
	甲级	乙级	丙级	丁级	平均
中专	8.9%	11.8%	9.9%	11.8%	10.5%
大专	26.5%	30.5%	40.3%	45.9%	30.3%
本科	42.4%	37.6%	34.3%	35.3%	38.4%
研究生	17.8%	14.9%	11.9%	4.5%	16.2%
其他	4.4%	5.1%	3.6%	2.5%	3.9%

调研数据显示，中专学历员工在甲级、乙级、丙级、丁级测绘单位所占比例基本一致，

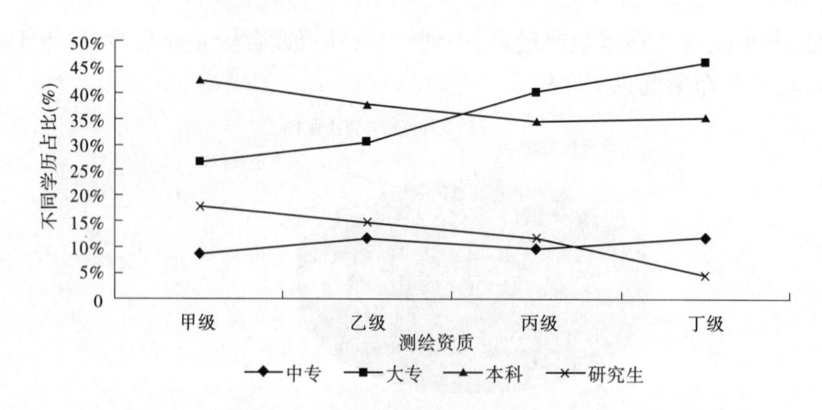

图 2-11 不同测绘资质单位学历分布情况

约占 10.6%;随着测绘单位资质等级降低,大专学历员工在本单位所占比例呈递增趋势,而本科及以上学历员工在本单位所占比例呈递减趋势。也就是说,测绘资质等级越高的单位,学历层次结构越高;反之亦然。高职高专毕业生就业去向大部分是乙级、丙级、丁级单位,在单位学历层次结构中均占到 30% 以上。

值得注意的是,国家测绘地理信息局 2014 年 8 月 1 日正式施行的《测绘资质管理规定》和《测绘资质分级标准》中对工程测量技术专业标准的规定,见表 2-4,甲级测绘单位人员规模最少为 60 人,实际很多甲级测绘单位员工人数在上百人到数百人,远远高于乙级、丙级、丁级测绘单位人员规模。因此,甲级测绘单位虽然需求比例偏小,但依然是高职高专毕业生就业主要考虑的去向。

表 2-4 工程测量技术专业标准

考核指标	考核内容	考核标准			
		甲级	乙级	丙级	丁级
人员规模	测绘专业技术人员数量(人)	60 人(高级 8 人,中级 17 人)	25 人(高级 2 人,中级 8 人)	8 人(中级 3 人)	4 人(中级 1 人)

(二)测绘专业软件配置情况分析

调研单位在工程项目中所配置的测绘专业软件主要涉及数字测图、GIS、GNSS、平差、摄影测量、遥感等 6 个方面,各单位的软件配置和应用情况见表 2-5 和图 2-12。

表 2-5 不同测绘资质单位测绘软件应用统计分析

序号	测绘软件	甲级	乙级	丙级	丁级	合计	比例
1	CASS	43	42	11	3	99	15.7%
2	ArcGIS	43	33	7	0	83	13.2%
3	MapGIS	32	27	7	0	66	10.5%
4	VirtuoZo	24	20	2	0	46	7.3%

续表 2-5

序号	测绘软件	甲级	乙级	丙级	丁级	合计	比例
5	SuperMap	23	15	1	0	39	6.2%
6	平差易	18	11	5	1	35	5.6%
7	清华山维	24	6	3	0	33	5.2%
8	Mapmatrix	19	8	1	0	28	4.5%
9	FME	10	16	0	0	26	4.1%
10	ERDAS	23	3	0	0	26	4.1%
11	GeoWay	20	3	1	0	24	3.8%
12	JX－4G	18	2	0	0	20	3.2%
13	GNSSADJ	14	3	2	0	19	3.0%
14	TBC	17	2	0	0	19	3.0%
15	HGO	10	5	3	0	18	2.9%
16	ENVI	15	1	1	0	17	2.7%
17	LGO	11	2	0	0	13	2.1%
18	ecognition	10	1	0	0	11	1.7%
19	Pinnacle	6	1	0	0	7	1.1%
合计		380	201	44	4	629	100.0%
调研单位数量		46	46	12	3		
单位占有量		8.3	4.4	3.7	1.3		

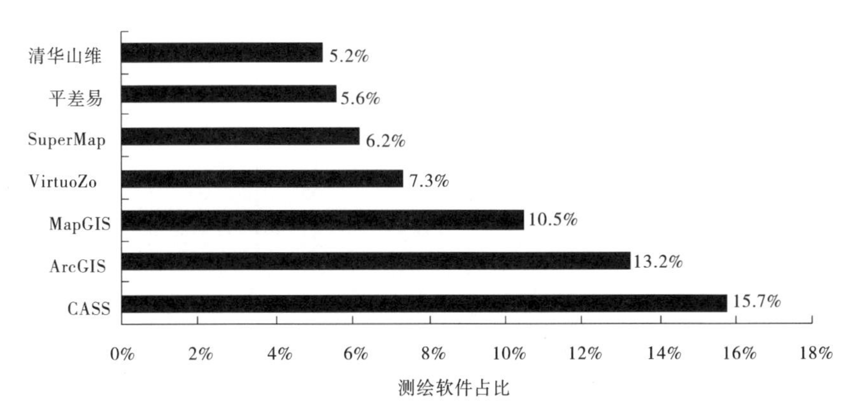

图 2-12　占比大于 5% 的测绘软件分布

由表 2-5 和图 2-12 可知，单位所使用的测绘专业软件中，占比大于 5% 的软件主要有 CASS、ArcGIS、MapGIS、VirtuoZo、SuperMap、平差易、清华山维等 7 款软件。其中，CASS 是目前市场上绘制地形图的主流软件；ArcGIS、MapGIS 和 SuperMap 是三款主流地理信息系统软件；VirtuoZo 是全数字摄影测量系统，属于摄影测量主流软件；平差易是市面上控制网平差的主流软件。而占比小于 3% 的软件主要有 HGO、ENVI、LGO、ecognition 和 Pinnacle 等 5 款软件，其中 HGO、LGO 和 Pinnacle 分别是中海达、徕卡和拓普康仪器公司开发的 GNSS 数据处理软件;ENVI 和 ecognition 是市面上应用较少的遥感影像处理软件,分别占 2.7% 和 1.7%。另外,从甲、乙、丙、丁不同测绘资质等级单位配置的测绘专业软件来看,随着测绘资质等级的降低,软件单位占有量也呈递减趋势。

调研列出 5 款 GNSS 数据处理软件:GNSSADJ、TBC、HGO、LGO 和 Pinnacle,对这 5 款软件的应用情况进行统计,如图 2-13 所示。分析得出:GNSSADJ 和 TBC 应用最多,南方 GNSSADJ 软件与中海达 HGO 软件相比,已成为国产 GNSS 数据处理软件的代表,而美国天宝 TBC 软件与瑞士徕卡 LGO 软件和日本拓普康 Pinnacle 软件相比,已成为国外 GNSS 数据处理软件的代表。

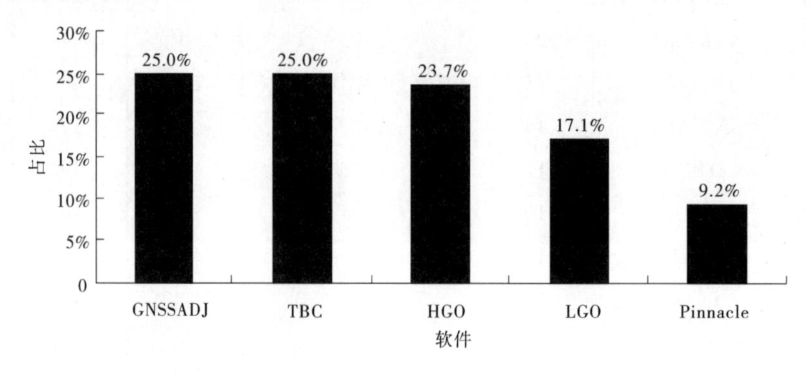

图 2-13　GNSS 数据处理软件占比分布

(三)测绘仪器设备拥有情况分析

不同等级测绘资质单位的测绘仪器设备拥有情况见表 2-6 和图 2-14。

表 2-6　不同等级测绘资质单位拥有测绘仪器设备统计分析

序号	测绘仪器设备	甲级	乙级	丙级	丁级	合计	比例
1	全站仪	1 865	464	56	4	2 389	22.6%
2	GNSS 接收机	1 898	375	76	2	2 351	22.2%
3	手持测距仪	1 254	795	53	6	2 108	19.9%
4	光学水准仪	613	191	24	2	830	7.9%
5	全数字摄影测量工作站	632	96	10	0	738	7.0%
6	电子水准仪	482	193	14	0	689	6.5%
7	经纬仪	394	155	5	1	555	5.3%
8	管线探测仪	303	65	3	0	371	3.5%
9	无人机	113	111	2	0	226	2.1%
10	测深仪	91	47	5	0	143	1.4%
11	测斜仪	31	39	6	0	76	0.7%
12	陀螺全站仪	22	17	2	0	41	0.4%

续表 2-6

序号	测绘仪器设备	甲级	乙级	丙级	丁级	合计	比例
13	三维激光扫描仪	31	9	0	0	40	0.4%
14	无人测量船	5	5	1	0	11	0.1%
15	其他(测量车2、直升机1)	3	0	0	0	3	0.0%
合计		7 737	2 562	257	15	10 571	100.0%
调研单位数量		46	46	12	3		
单位占有量		168.2	55.7	21.4	5.0		

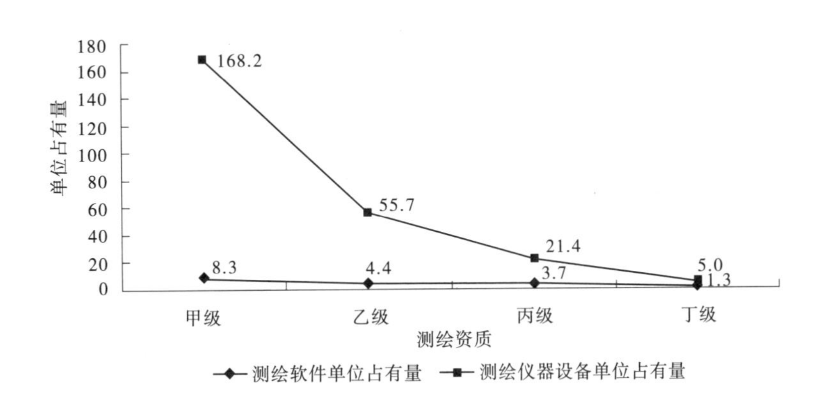

图 2-14　不同等级测绘资质单位的软硬件装备单位占有量比较

(1)单位所拥有的测绘仪器设备中,占比大于20%的测绘仪器设备主要有:全站仪、GNSS接收机和手持测距仪,这三种测绘仪器已成为测绘工作的主流设备,而手持测距仪是不动产测绘的必备工具;占比为5%~10%的测绘仪器设备主要有光学水准仪、全数字摄影测量工作站、电子水准仪和经纬仪,全数字摄影测量工作站主要作为摄影测量与遥感技术项目应用;占比小于1%的仪器设备主要有测斜仪、陀螺全站仪、三维激光扫描仪、无人测量船、测量车和直升机,这些仪器设备(特别是三维激光扫描仪等)普遍价格昂贵,故测绘单位拥有量偏少。

(2)甲级测绘资质单位所拥有的仪器设备除经纬仪、水准仪、全站仪、手持测距仪等常规仪器外,还拥有一些高端仪器设备,如无人机、测量车、无人测量船、直升机等。丙级和丁级测绘资质单位的设备数量相对较少、种类也不多,高精尖的仪器设备基本没有。

(3)随着测绘资质等级的降低(甲→乙→丙→丁),不仅学历有所下降,而且测绘软件和仪器设备的单位占有量也呈递减趋势,可以理解为,测绘单位资质的变化(甲→乙→丙→丁),实际上是由技术密集型单位向劳动密集型单位的转变。

三、从事测绘领域分析

(一)测绘资质规定业务领域分析

同一测绘资质的单位可规定不同的业务领域,不同测绘资质的单位也可规定相同的业务领域。在包含了甲、乙、丙、丁不同测绘资质的107家调研单位中,比例占10%以上的业务领域有5项:工程测量(居第一)、地籍测绘、房产测绘、地理信息系统工程、摄影测量与遥感；而行政区域界线测绘、海洋测绘、互联网地图服务、导航电子地图制作、导航位置服务等业务领域明显偏少，所占比重不足 5%，见图 2-15。

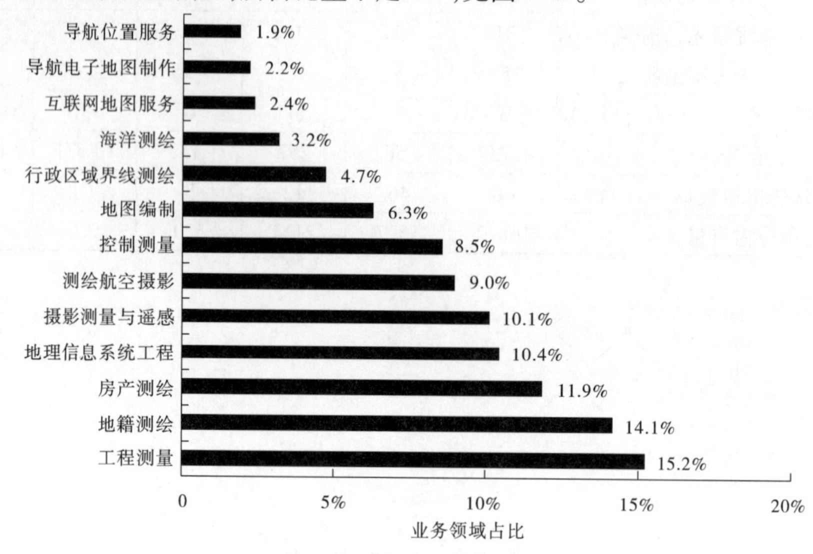

图 2-15 测绘资质规定业务领域统计

（二）近三年所承担的测绘领域及使用的主要仪器

1. 近三年所承担测绘领域分析

调研单位近三年所承担的测绘工程项目领域中，工程测量领域稳居第一，接近总工程项目数量的 18%，其次是地籍测绘、地理信息系统工程和房产测绘，所占项目总量的比例均在 10% 以上，最少的是海洋测绘、互联网地图服务、导航电子地图制作和导航位置服务，所占比例不足 3%，见表 2-7。将近三年所承担测绘领域与测绘资质规定业务领域进行列表比较，二者所统计测绘领域排序基本一致，只是地理信息系统工程与房产测绘进行了交换，以及摄影测量与遥感排序由第 5 变为第 7。这在一定程度上反映出测绘单位近三年所承担测绘领域是按测绘资质所规定的业务领域进行合法开展的。

表 2-7 近三年所承担测绘领域与测绘资质规定业务领域比较

测绘领域	测绘资质规定业务领域		近三年所承担测绘领域	
	占比	排序	占比	排序
工程测量	15.2%	1	17.9%	1
地籍测绘	14.1%	2	15.4%	2
房产测绘	11.9%	3	11.9%	4
地理信息系统工程	10.4%	4	12.1%	3
摄影测量与遥感	10.1%	5	8.1%	7
测绘航空摄影	9.0%	6	7.1%	5
控制测量	8.5%	7	8.5%	6
地图编制	6.3%	8	5.4%	8

续表 2-7

测绘领域	测绘资质规定业务领域		近三年所承担测绘领域	
	占比	排序	占比	排序
行政区域界线测绘	4.7%	9	4.8%	9
海洋测绘	3.2%	10	2.9%	10
互联网地图服务	2.4%	11	2.7%	11
导航电子地图制作	2.2%	12	1.5%	12
导航位置服务	1.9%	13	1.5%	13

2. 主要使用的仪器设备分析

将摄影测量与遥感和测绘航空摄影划归为一个工程项目领域，统称摄影测量与遥感测绘领域；将地籍测绘和房产测绘统称为不动产测绘领域。调研单位近三年所承担的前五个工程项目领域主要使用的仪器设备如表 2-8 所示，分析得出：

表 2-8　前五个测绘领域所用仪器设备统计分析

测绘领域	所用仪器设备（或手段）	
	名称	比例
工程测量	GNSS 接收机、全站仪、水准仪	97%
	其他专用仪器设备	3%
不动产测绘	手持测距仪	86%
	全站仪等	14%
地理信息系统工程	通过航摄、遥感手段获取数据	82%
	通过全站仪、RTK 等现场采集数据	18%
摄影测量与遥感	无人机（旋翼无人机、固定翼无人机）	92%
	传统大飞机	8%
控制测量	GNSS 接收机	87%
	全站仪、水准仪等	13%

（1）从事工程测量领域的主要仪器设备是 GNSS 接收机、全站仪、水准仪，俗称“测绘三宝”。

（2）在不动产测绘领域，主要借助手持测距仪完成，占到 86%，手持测距仪成为不动产测绘的必备设备。

（3）地理信息系统工程领域一般在室内进行数据处理与分析，以航摄、遥感手段获取数据信息为主，全站仪、RTK 等现场采集数据为辅，所占比例不足 20%。

（4）在摄影测量与遥感领域，主要通过无人机航测手段完成，传统大飞机所占比例不足 10%，其原因是无人机航测的灵活性、低成本和易操作。对于无人机航摄而言，由于旋翼无人机比固定翼无人机起降条件受限更少，故旋翼无人机比固定翼无人机应用更广，特别是在职业院校教学中。

（5）在控制测量领域，优先选用 GNSS 接收机布设控制网，占到 87%；其次才是选用全站仪和水准仪进行三角形测量、导线测量(含三角高程)和水准测量。

(三)近三年预拓展测绘领域分析

由调研数据得出,近三年调研单位计划拓展的业务领域最多的是测绘航空摄影,占32.8%,其中航空飞行证书的培训业务就占19.7%,说明无人机测绘操控是当前急需的新兴职业,在2015年11月发布的《国家职业分类大典(2015版)》中纳入新增职业。当然,无人机航摄和倾斜摄影也是近年来研究和发展的热点领域。其次是地理信息系统业务领域,占到19.7%,特别是智慧城市、智慧交通是民生直接关注的热点问题。再次是工程测量领域,其中变形监测占4.9%,电力工程测量占3.3%,管线测量占1.6%。接下来是土地管理与测量占11.5%,不动产测绘和地图编制各占8.2%,其中,不动产测绘和土地确权是近三年大兴发展的主要测绘市场领域,是测绘类专业毕业生就业从事的主要工作领域。见表2-9和图2-16。

表2-9　近三年预拓展业务领域

序号	业务领域	数量	比例	说明
1	工程测量	2	3.3%	工程测量 13.1%
2	变形监测	3	4.9%	
3	电力工程测量	2	3.3%	
4	管线测量	1	1.6%	
5	不动产测绘	5	8.2%	
6	常规航空摄影	2	3.3%	测绘航空摄影 32.8%
7	倾斜摄影	2	3.3%	
8	无人机航摄	4	6.5%	
9	航空飞行证书的培训业务	12	19.7%	
10	摄影测量与遥感	4	6.6%	
11	地理信息工程	7	11.5%	地理信息系统 19.7%
12	智慧城市	3	4.9%	
13	智慧交通	2	3.3%	
14	电子地图开发	3	4.9%	地图编制 8.2%
15	地图制图	2	3.3%	
16	国土第三次调查	3	4.9%	土地管理与测量 11.5%
17	土地确权	2	3.3%	
18	精准农业	2	3.3%	

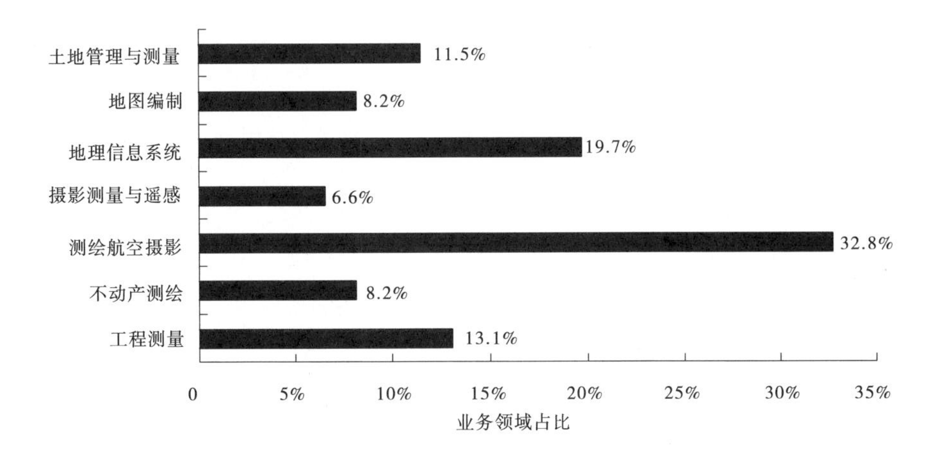

图 2-16　近三年预拓展业务领域统计

四、用人单位对人才的需求分析

(一)对专业关联度需求分析

对 107 份调查问卷进行统计分析,如图 2-17 所示。“对专业没要求,只关注学生综合素质”的比例仅占 3%,普遍要求“专业相关”或“专业对口”,以便尽快适应新的工作岗位,这与实际用人单位招聘需求也是一致的。

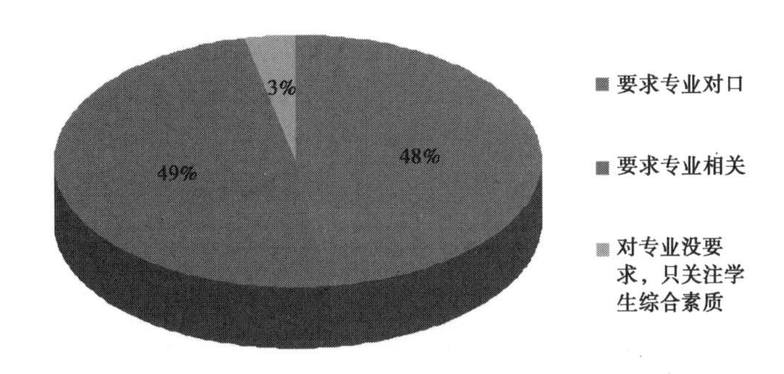

图 2-17　用人单位对专业关联度需求分析

(二)对毕业生知识技能及职业素养分析

1. 对毕业生的知识技能要求分析

在调查问卷中提出 23 种知识和技能的要求,见表 2-10。对掌握程度的选项无一例偏向于不需要;除“计算器测绘编程、矿山测量、施工测量、导航与位置服务、无人机操控、GIS 软件开发”等 6 项技能要求偏向于了解以及“三角测量和地图编制”偏向于熟悉外,其余技能要求均偏向于熟练操作和应用,特别是熟练操作比例占 50% 以上的“GNSS 定位测量、航测内业、土地调查与地籍测量、水准测量、测绘仪器检校与维护、数字测图、测量数据处理”等 7 项技能要求更高,见图 2-18,这与职业教育的重技能、强应用的基本要求是完全一致的。

表 2-10 对学生知识技能要求掌握程度分析

序号	知识技能点	要求掌握程度			
		不需要	了解	熟悉	熟练操作
1	测量数据处理	1.0%	11.2%	21.4%	66.4%
2	数字测图	1.0%	10.2%	26.5%	62.2%
3	测绘仪器检校与维护	2.9%	17.5%	20.4%	59.2%
4	水准测量	3.1%	8.3%	30.2%	58.4%
5	土地调查与地籍测量	4.4%	13.2%	29.7%	52.7%
6	航测内业	5.6%	22.2%	21.1%	51.1%
7	GNSS 定位测量	2.1%	14.6%	33.3%	50.0%
8	房产测绘	5.3%	16.8%	29.5%	48.4%
9	航测外业	8.7%	17.4%	27.2%	46.7%
10	导线测量	4.1%	21.4%	31.6%	42.9%
11	GIS 数据生产	8.9%	14.4%	34.4%	42.3%
12	遥感影像处理	7.7%	23.1%	27.5%	41.7%
13	测绘工程管理	4.5%	29.5%	29.5%	36.5%
14	变形观测	3.2%	36.1%	24.5%	36.2%
15	施工测量	3.3%	39.1%	22.8%	34.8%
16	地下管线测量	9.0%	32.6%	24.7%	33.7%
17	地图编制	3.4%	24.1%	39.1%	33.3%
18	无人机操控	10.0%	32.2%	28.9%	28.9%
19	GIS 软件开发	25.0%	30.9%	17.9%	26.2%
20	导航与位置服务	8.3%	46.5%	20.2%	25.0%
21	三角测量	15.8%	30.6%	34.8%	18.9%
22	矿山测量	18.2%	50.0%	15.9%	15.9%
23	计算器测绘编程	24.4%	43.4%	24.4%	7.8%

2. 对毕业生的职业素养要求分析

根据调研分析，测绘单位除对“创新能力和测绘新技术的敏感性以及学习能力”要求相对较低外，其余素质要求所占比例均达到95%以上，特别是前6个：遵守技术规范的意识能力，确保数据精准的品质，数据安全管理意识，周密的工作准备、细致的过程检查、最终成果的总结能力，吃苦精神以及协作能力，用人单位对毕业生的需求度是100%，这是从事测绘工作的基本职业素养，见表2-11。

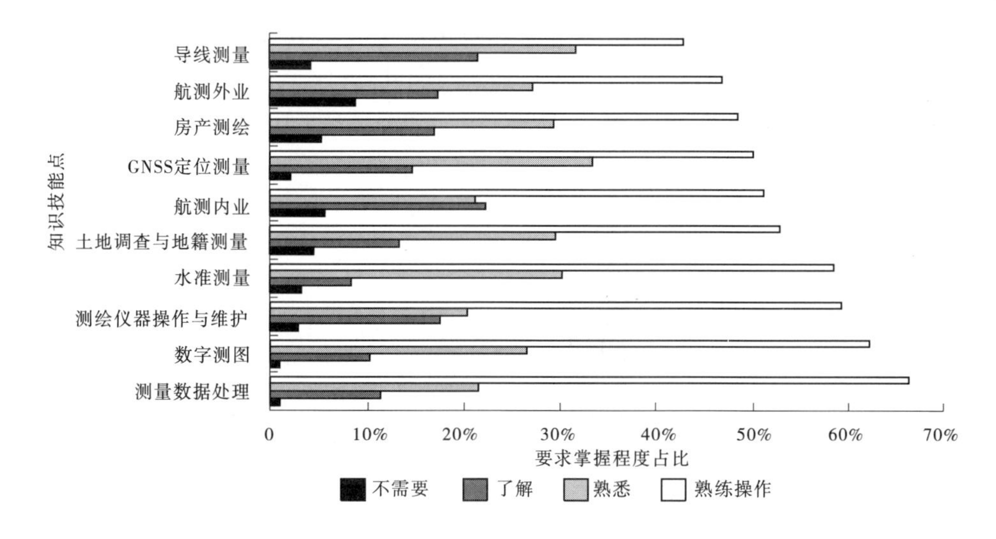

图 2-18　对学生知识技能要求熟练操作排序前 10 统计分析

表 2-11　测绘单位对毕业生职业素养要求

序号	素质要求	需要	不需要	无所谓
1	遵守技术规范的意识能力	100.0%	0.0%	0.0%
2	确保数据精准的品质	100.0%	0.0%	0.0%
3	数据安全管理意识	100.0%	0.0%	0.0%
4	周密的工作准备、细致的过程检查、最终成果的总结能力	100.0%	0.0%	0.0%
5	吃苦精神	100.0%	0.0%	0.0%
6	协作能力	100.0%	0.0%	0.0%
7	敬业精神	98.9%	0.0%	1.1%
8	身体素质	98.9%	0.0%	1.1%
9	奉献精神	98.9%	0.0%	1.1%
10	精益求精的仪器操作能力	97.8%	0.0%	2.2%
11	沟通能力	96.7%	0.0%	3.3%
12	整洁规范的记录能力	96.6%	0.0%	3.4%
13	测绘新技术的敏感性以及学习能力	93.4%	2.2%	4.4%
14	创新能力	90.7%	0.0%	9.3%

(三)对职业资格证书的需求分析

调研数据显示,对毕业生职业资格证书持不需要态度的测绘单位约占总数的4.7%,共有5个,其中3个甲级单位,2个乙级单位;持无所谓态度的测绘单位约占总数的

14.0%，共有 15 个，其中 7 个甲级单位，6 个乙级单位，2 个丙级单位。由甲级、乙级、丙级、丁级单位所占比例关系可知，随着测绘资质等级的升高（丁→丙→乙→甲），对资格证书的需求度越来越弱，如图 2-19 所示。

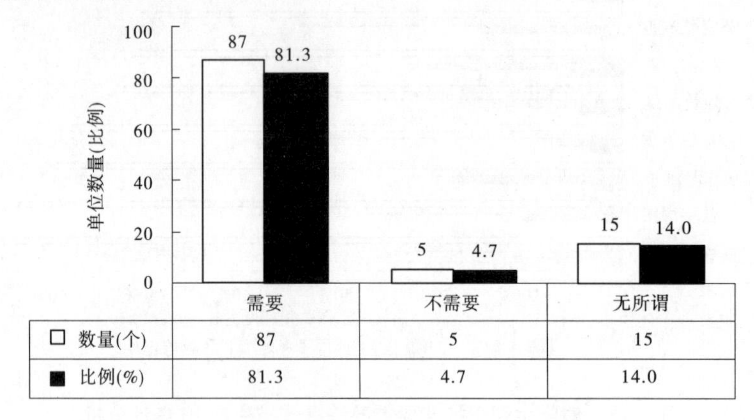

	需要	不需要	无所谓
□ 数量(个)	87	5	15
■ 比例(%)	81.3	4.7	14.0

图 2-19　对毕业生职业资格证书需求比例分布

对职业资格证书提出需要的 87 家测绘单位中，认为需要高级工证书的仅占 34%，其余 66% 的测绘单位认为只需中级工证书即可满足工作需要。在需要的工种证书中，大地测量员、工程测量员、地籍测量员、海洋测绘员、房产测量员、摄影测量员、地图制图员、无人机航摄操控员等 8 个工种的比例分布如图 2-20 所示。显然，工程测量员需求度最高，达到 20.5%；其次是地籍测量员（16.4%）；再次是房产测量员和无人机航摄操控员，均为 14.6%，需求度最低的是海洋测绘员，仅占 3.8%。

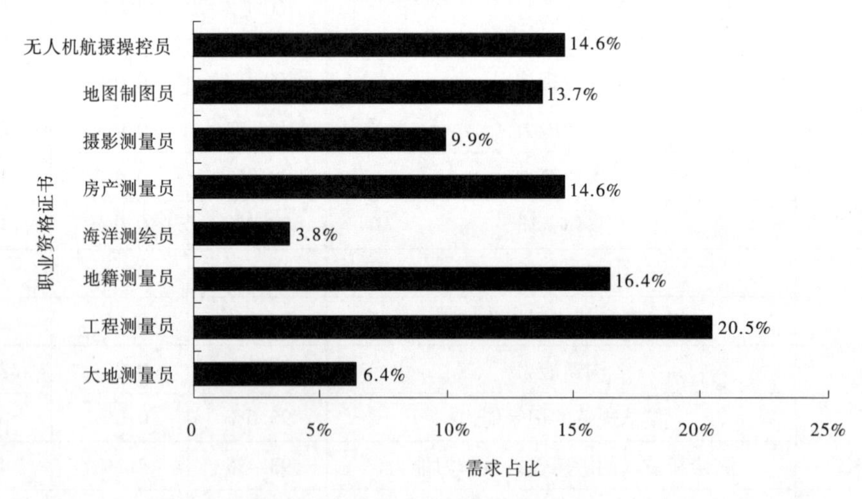

图 2-20　不同工种的需求比例分布

（四）岗位从业人员学历及需求分析

1. 不同岗位从业人员学历情况分析

如图 2-21 所示，对于技术型岗位，学历层次以高职高专为主，占到 41.0%，其次是本科及以上学历，占到 36.3%，而中专学历仅占 22.7%，占比最少；对于管理型岗位，学历层次以本科及以上学历占绝对优势，占到 57.6%，其次是高职高专和中专学历，二者基本一致,分别占22.2%和20.2%;对于服务型岗位,学历层次以中专学历为主,占到39.6%,其次是高职高专学历,占到37.5%,本科及以上学历仅占23.0%,占比最少。据此分析,高职高专毕业生就业的主要岗位是技术型岗位和服务型岗位,本科及以上学历毕业生就业的主要岗位是管理型岗位和技术型岗位,中专毕业生就业的主要岗位是服务型岗位和技术型岗位。

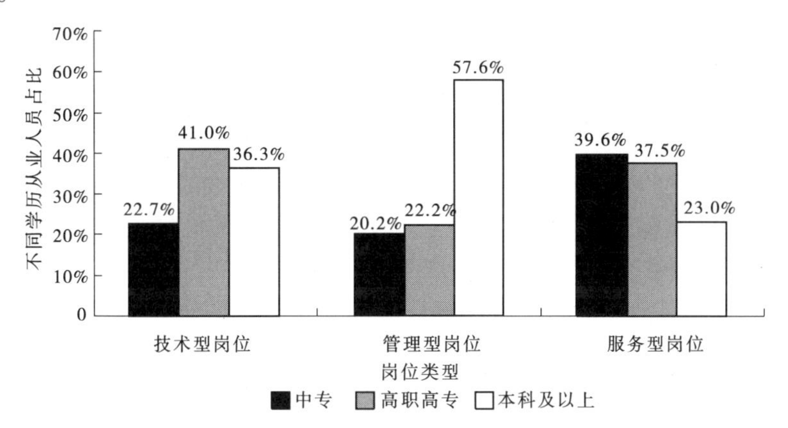

图2-21　岗位从业人员学历层次分布

2.2018～2020年岗位人才需求预测

调研数据显示,近三年以及今后较长一段时期内,技术型岗位对高职高专毕业生的需求基本持平,但远远高于中专、本科及以上毕业生就业水平,高达55%左右;对中专毕业生的需求呈下降趋势,由21.5%下降到15.6%;对本科及以上毕业生的需求呈上升趋势,由25.0%上升到30.7%,如图2-22所示。

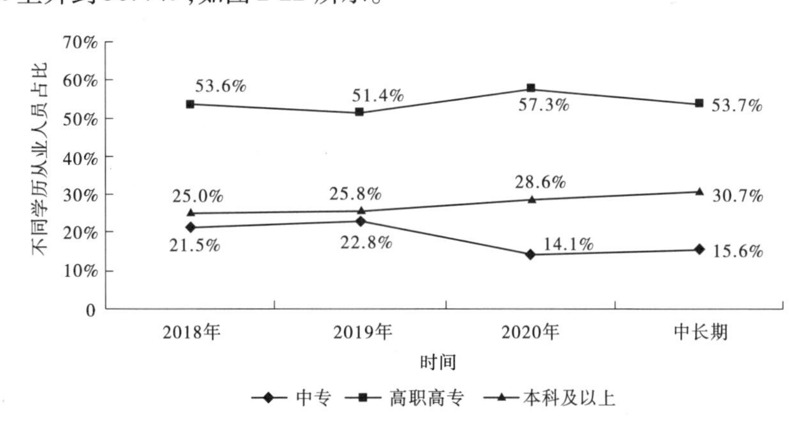

图2-22　技术型岗位对大中专毕业生需求预测

管理型岗位对高职高专毕业生的需求基本稳定在20%左右,从2020年后略有下降趋势,由20.7%下降到16.2%;对中专毕业生的需求呈下降趋势,由31.2%下降到11.5%;对本科及以上毕业生的需求呈大幅上升趋势,由48.1%上升到72.3%,如图2-23所示。

服务型岗位对中专毕业生的需求呈大幅下降趋势,由38.8%下降到13.4%;对高职

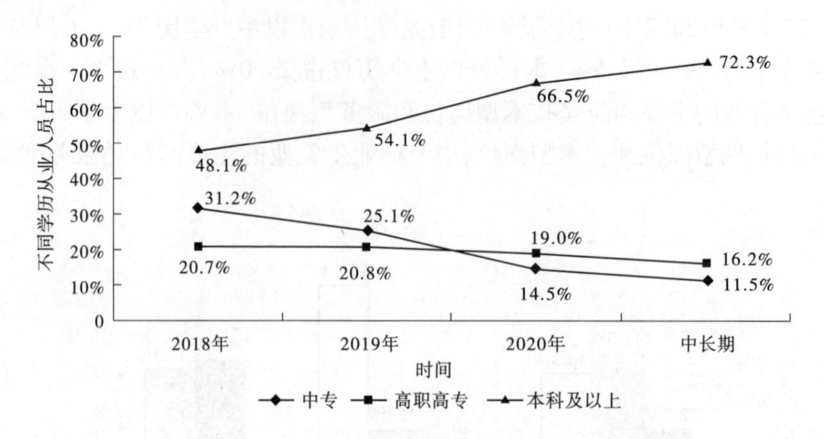

图 2-23　管理型岗位对大中专毕业生需求预测

高专毕业生的需求呈上升趋势，由 33.6% 上升到 40.8%；对本科及以上毕业生的需求呈大幅上升趋势，由 27.6% 上升到 45.8%，如图 2-24 所示。

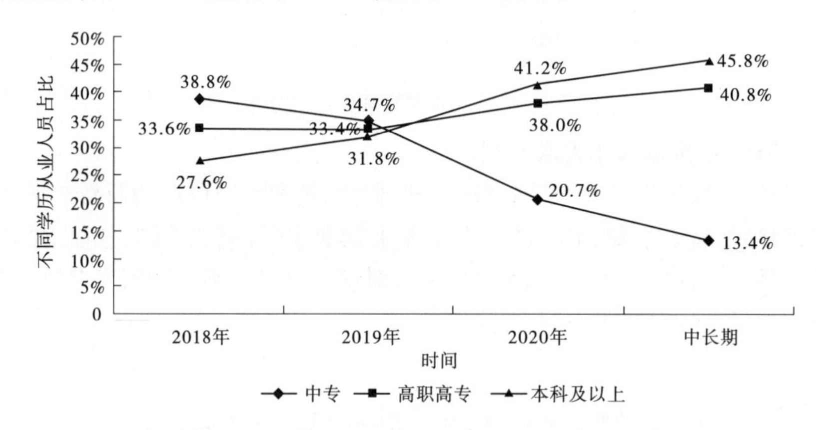

图 2-24　服务型岗位对大中专毕业生需求预测

通过分析得出，近几年中专毕业生就业趋势持续下降，日趋严峻；本科及以上毕业生就业趋势呈上升趋势，前景越来越好；高职高专毕业生就业形势尚好，主要原因是服务型岗位由以中专需求为主逐渐过渡到以高职高专为主，服务型岗位的用人需求出现了学历上移现象。从长远发展来看，鼓励学生中职升高职、高职升本科，实现到更高学府继续深造，打通中、高、本衔接通道，对劳动力结构优化具有重要而深远的意义。

五、行业发展对人才规模的需求

根据原国家测绘地理信息局的相关统计数据分析，测绘地理信息产业在"十三五"期间将保持年均 20% 以上的增长速度，到 2020 年产业产值将超过 8 000 亿元，成为国民经济发展新的增长点。"十三五"期间，测绘地理信息产业将重点发展以下领域：发展测绘遥感数据服务；开展高端遥感技术装备、高端地面测绘装备，以及海洋地理信息获取装备开发与制造；重点开发基于"互联网 +"的国产地理信息系统软件产品和遥感数据处理软件；发展地理信息位置服务、测绘基准信息服务和导航电子地图及互联网地图服务；推进地理信息在数字城市和智慧城市建设中的应用，开展地理国情普查与监测工作，加大地理信息技术和位置服务产品在电子商务、商业智能、电子政务、智能交通、现代物流等领域的应用；推动数字地图、多媒体地图、三维立体地图、网络地图、城市街景地图等现代地图出版，发展地理信息定制服务；加快培养学术技术领先、创新能力卓越的企业科技领军人才及创新团队，适当调整高等院校的地理信息学科布局和人才培养方向，支持企业联合高等院校、科研机构共建大学生实习基地。

目前及未来一段时期，由于基础设施建设、国土资源调查、土地整治、测绘地理信息行业规模发展、不动产登记、地下管廊测绘、政府应急救灾、地理信息与导航定位融合服务、矿业开发等重大项目的开展，对测绘地理信息类专业技术技能人才有大量需求。根据我国测绘地理信息行业 2011 ~ 2018 年经济指标，2011 年测绘服务总值 487. 36 亿元；2012 年测绘服务总值 541. 22 亿元、从业人员 308 501 人；2013 年测绘服务总值 616. 89 亿元、从业人员 331 940 人；2014 年测绘服务总值 696. 02 亿元、从业人员 348 983 人；2015 年测绘服务总值 855. 28 亿元、从业人员 393 262 人；2016 年测绘服务总值 945. 99 亿元、从业人员 427 603 人；2017 年测绘服务总值 1 042. 95 亿元、从业人员 456 892 人；2018 年测绘服务总值估计为 1 141. 21 亿元、从业人员达 478 962 人。分析得出，除 2014 年由于我国经济发展正处于增长速度换挡期、结构调整阵痛期、前期刺激政策消化期"三期叠加"阶段，受国家整体经济发展的影响，测绘服务总值和从业人员增速有所回落，测绘地理信息行业发展平稳趋缓外，2011 ~ 2018 年测绘服务总值和从业人员总体呈线性增长趋势。根据我国测绘地理信息行业发展规划目标，未来几年，我国测绘地理信息行业将保持较高的增长速度。采用趋势外推预测法，结合最小二乘原理，利用 2011 ~ 2018 年数据拟合出线性模型，预测到 2020 年，测绘服务总值将达到 1 329. 9 亿元，从业人员将达到 542 300 人左右；到 2023 年，测绘服务总值将达到 1 623. 9 亿元，从业人员将达到 632 300 人。未来五年内，整个行业人才需求量约为 150 000 人。

六、对测绘地理信息高等职业教育的建议

（一）紧贴岗位需求，找准专业定位

测绘地理信息高职毕业生主要集中在中小微企业，分布在服务型岗位和技术型岗位，在生产一线从事相关技术服务工作。测绘地理信息高等职业教育应立足市场调研，分析测绘地理信息行业企业对人才的需求，梳理出专业对应职业岗位群及所需的能力和素质，确定人才培养目标。针对如何达成培养目标，探索行之有效的培养模式、教学方法和教育途径。同时，随着测绘地理信息产业的发展变化和转型升级，如何增强学生的岗位适应能力，使学生具备一定的岗位迁移能力，促进学生可持续发展，应成为测绘地理信息高职教育教学研究的重要课题。

（二）实施"生产育人"，强化能力培养

按照能力进阶，可划分为基本技能训练、专项能力培养、综合职业能力三个培养阶段。基本技能是指基础应用技能和专业领域通用基础技能，如仪器操作技能、计算机应用技能等；专项能力是指专业领域内某一岗位必需的单项专业能力，如数字测图能力、地理信息数据生产能力等；综合职业能力是指能胜任本专业对应工作岗位群必需的职业素养和综

合能力,如专业知识和技能的综合运用能力等。

校企联合,创造机会,搭建平台,让学生参与到实际生产项目中,实施“生产育人”,是强化学生职业能力的最佳途径。有以下4种方式可参考:

(1)利用假期安排学生到企业参加专业生产实践。学生在运用课堂所学专业知识和技能进行勤工俭学的同时,也积累了一定的工程经验。

(2)在正常教学过程中,结合实际生产任务和教学需要,灵活调整教学计划,组织学生到现场参与生产,实施顶岗。生产单位工程师不仅指导学生完成生产任务,而且帮助学生解决技术问题,总结生产经验,参与教学的全过程。

(3)如果企业有生产项目需要部分学生到现场参与生产,在“工学交替”模式下安排学生到企业参与生产。

(4)三年级学生根据就业岗位或就业意向到生产单位直接参加顶岗实习,在真正的工作环境中培养综合职业能力。

(三)开发课程思政,训练测绘素养

“热爱祖国、忠诚事业、艰苦奋斗、无私奉献”的测绘精神,是测绘行业独有的文化内涵,是测绘人在工作中凝练出的精神财富,是测绘职业道德建设的重要组成部分。测绘精神借助于测绘文化的传播得以发扬光大,形成广泛的社会影响力,扩大测绘地理信息行业在社会上的认知度、认可度,从而推动测绘地理信息事业的健康发展。测绘地理信息的行业特色和职业要求可归纳为以下5个方面:

(1)测绘地理信息工作因测区不固定,项目分散,工作条件相对艰苦,时常需要加班加点工作,这就要求从业人员具备艰苦奋斗、吃苦耐劳、爱岗敬业的精神。

(2)测绘地理信息工作是一项科技含量较高的行业,随着技术的不断更新迭代,要求从业人员在具备一定理论基础和技术技能的同时,还要具有刻苦钻研业务和奋发图强的精神。

(3)测绘地理信息产品的质量不仅关系到工程建设的质量和安全,也关系到经济社会规划决策的科学性、准确性,而且涉及国家主权、利益和民族尊严等,这就要求从业人员具备一丝不苟的工作作风和严谨细致的工作态度。

(4)测绘地理信息成果中有相当一部分属于国家秘密,一旦泄露,会对国家安全造成严重的威胁和损害,这就要求从业人员具备保密意识和高度的责任感。

(5)测绘地理信息工作是一项多人参与、分工明确的集体劳动,任何环节出了问题都会影响产品质量,这就要求从业人员具备相互配合、协同作业的团队精神。

综上所述,测绘地理信息生产单位要求从业人员具备良好的思想素质、较高的职业素养、较强的动手能力、快速适应能力。同时,也需要具备团队合作能力和组织管理能力。建议测绘地理信息高等职业教育教学除开设统一的思政课程外,还应加强课程思想政治教育,将思想政治元素贯穿于专业理论课程和实践课程教学全过程。尤其是实践教学环节的设计,要积极创造条件,将生产项目引入教学,并开发为以教学为目的、兼顾生产的实训项目,模拟实际生产作业模式,在“任务下达→分组实施→成果检查验收→考核评价”各个环节,从组织管理、任务实施和质量把控等多个层面进行有针对性的设计,采取任务驱动、目标考核的方式,打破时间限制,将数据保密意识、工程质量意识和规范作业意识的培养贯穿其中，各小组集体讨论，研究工作方案，研读作业规范，分工协作，完成任务。在理论教学环节中，引入典型生产案例，引导学生分析案例，关注新技术和新方向。教学中重点围绕以下12个职业素质目标进行设计和培养：

（1）良好的职业道德，能自觉遵守测绘地理信息行业和工程施工行业法规、规范和企业规章制度。

（2）艰苦奋斗、吃苦耐劳、爱岗敬业的精神。

（3）严谨认真、实事求是、一丝不苟、精益求精的工作态度。

（4）良好的空间感觉。

（5）政治责任感和国家版图意识，确保地理空间信息安全。

（6）测绘地理信息从业必需的信息技术素养。

（7）树立信用观念，遵守合同，诚实守信。

（8）安全生产和依法测绘的意识和能力。

（9）一定的测绘地理事业创业和科技创新意识。

（10）集体意识和团队精神，友爱互助，文明作业。

（11）能按国家规范或行业规程的要求严格作业的工程质量意识和工作态度。

（12）跟踪测绘地理信息新技术应用前景和发展趋势的意识。

第三章　测绘地理信息高等职业教育现状

第一节　测绘地理信息高职专业开设情况

一、全国测绘地理信息高等职业教育专业目录设置

专业目录是高校设置与调整高等职业教育专业、实施人才培养、组织招生、指导就业的基本依据，是教育行政部门规划高职专业布局、安排招生计划、进行教育统计和人才预测等工作的主要依据，也是学生选择就读高职专业、社会用人单位选用高等职业学校毕业生的重要参考。

2015 年，教育部颁布了《普通高等学校高等职业教育（专科）专业设置管理办法》和《普通高等学校高等职业教育（专科）专业目录（2015 年）》，新一轮调整更新后的测绘地理信息类高职专业目录有：工程测量技术、摄影测量与遥感技术、测绘工程技术、测绘地理信息技术、地籍测绘与土地管理信息技术、矿山测量、测绘与地质工程技术、导航与位置服务、地图制图与数字传播技术、地理国情监测技术、国土测绘与规划，共计 11 个专业。调整前原有 10 个专业，现有的专业是经过了专业合并、更名、新增及保留的方式确定的，具体调整情况及新旧专业间的关系如表 3-1 所示。

表 3-1　测绘地理信息类高等职业教育新旧专业目录对照

专业代码	专业名称	原专业代码	原专业名称	调整情况
520301	工程测量技术	540601	工程测量技术	合并
		540602	工程测量与监理	
520302	摄影测量与遥感技术	540603	摄影测量与遥感技术	保留
520303	测绘工程技术	540609	测绘工程技术	保留
520304	测绘地理信息技术	540608	测绘与地理信息技术	合并
		540605	地理信息系统与地图制图技术	
520305	地籍测绘与土地管理	540606	地籍测绘与土地管理信息技术	更名
520306	矿山测量	540607	矿山测量	保留
520307	测绘与地质工程技术	540610	测绘与地质工程技术	保留
520308	导航与位置服务	540604	大地测量与卫星定位技术	更名
520309	地图制图与数字传播技术			新增
520310	地理国情监测技术			新增
520311	国土测绘与规划			新增

各专业主要对应的职业类别,以及与中职、本科衔接情况见表3-2。

表3-2 各专业主要对应的职业类别、与中职和本科衔接举例

专业名称	主要对应职业类别	衔接中职专业举例	接续本科专业举例
工程测量技术	测绘和地理信息工程技术人员 测绘服务人员 地理信息服务人员	工程测量 国土资源调查 地图制图与地理信息系统 地质与测量	测绘工程 遥感科学与技术 地理信息科学 地理国情监测 导航工程
摄影测量与遥感技术	测绘和地理信息工程技术人员 测绘服务人员 地理信息服务人员	工程测量 国土资源调查 地图制图与地理信息系统 地质与测量	遥感科学与技术 地理信息科学 测绘工程 地理国情监测 导航工程
测绘工程技术	测绘和地理信息工程技术人员 测绘服务人员 地理信息服务人员	国土资源调查 地图制图与地理信息系统 地质与测量	测绘工程 遥感科学与技术 地理信息科学
测绘地理信息技术	测绘和地理信息 工程技术人员 地理信息服务人员	工程测量 地质与测量	测绘工程 地理信息科学 地理国情监测
地籍测绘与土地管理	测绘和地理信息工程技术人员 测绘服务人员 地理信息服务人员	工程测量	测绘工程 土地资源管理 房地产开发与管理
矿山测量	测绘和地理信息工程技术人员 测绘服务人员 地理信息服务人员	工程测量	测绘工程
测绘与地质工程技术	地质勘探工程技术人员 测绘和地理信息工程技术人员 测绘服务人员 地理信息服务人员	工程测量 地质与测量	测绘工程 地理信息科学 地理国情监测
导航与位置服务	测绘和地理信息工程技术人员 地理信息服务人员	地图制图与地理信息系统	测绘工程
地图制图与数字传播技术	测绘和地理信息工程技术人员 测绘服务人员 地理信息服务人员	地图制图与地理信息系统 数字媒体技术应用 工程测量 国土资源调查 地质与测量	地理信息科学 测绘工程 数字出版 网络与新媒体 导航工程 遥感科学与技术

续表 3-2

专业名称	主要对应职业类别	衔接中职专业举例	接续本科专业举例
地理国情监测技术	测绘和地理信息工程技术人员 测绘服务人员 地理信息服务人员	工程测量 国土资源调查 地图制图与地理信息系统 地质与测量	地理国情监测 测绘工程 遥感科学与技术 地理信息科学 导航工程
国土测绘与规划	建筑工程技术人员 测绘和地理信息工程技术人员 测绘服务人员 地理信息服务人员	工程测量	测绘工程 城乡规划 人文地理与城乡规划

二、专业人才培养目标定位

根据教育部发布的普通高等学校高等职业教育（专科）专业目录及专业简介，11 个测绘地理信息类专业简介分别对各专业的人才培养目标、就业面向、主要职业能力、核心课程与实习实训等进行了界定。

（一）工程测量技术

1.培养目标

本专业培养德、智、体、美全面发展，具有良好职业道德和人文素养，掌握测量学基础、测量平差、工程测量基本知识，具备熟练的施工控制测量、数字测图、施工放样能力，从事工程建设规划及勘察设计、工程施工、运营管理阶段的测绘等工作的高素质技术技能人才。

2.就业面向

就业主要面向地矿、国土、水利水电、城市建设等企事业单位，在大地测量、地籍测绘、房产测量、摄影测量岗位群从事地理信息数据采集等工作。

3.主要职业能力

（1）具备新知识、新技能的学习能力和创新创业能力。

（2）具备大比例尺地形图测绘的能力。

（3）具备工程控制网布设、工程施工测量、变形监测的能力。

（4）具备测绘项目技术设计、产品质量检查与技术总结能力。

（5）具备对测量仪器设备进行检验与维护的能力。

（6）具备测绘项目管理等工作能力。

（二）摄影测量与遥感技术

1.培养目标

本专业培养德、智、体、美全面发展，具有良好职业道德和人文素养，掌握必备的摄影测量与遥感技术基本知识，具备摄影测量和遥感信息数据处理能力，从事地形图测绘、像片控制测量、像片调绘、解析空中三角测量、航测内业成图、遥感图像处理等工作的高素质技术技能人才。

2.就业面向

就业主要面向测绘、国土资源、城市规划等企事业单位,从事空间位置信息与测绘技术服务等工作。

3.主要职业能力

(1)具备新知识、新技能的学习能力和创新创业能力。

(2)具备像片控制测量和调绘能力。

(3)具备解析空中三角测量和影像立体测图能力。

(4)具备遥感图像处理能力。

(5)具备使用大比例尺地形图测绘能力。

(6)具备数字高程模型 DEM、数字正射影像图 DOM、数字线划图 DLG 和数字栅格影像图 DRG 产品生产能力。

(7)具备摄影测量与遥感项目技术设计、产品质量检查与技术总结能力。

(三)测绘工程技术

1.培养目标

本专业培养德、智、体、美全面发展,具有良好职业道德和人文素养,掌握测绘工程技术的基本知识,具备地面测量、空间测量能力,从事国家基础测绘、大地测量、数字测图、工程测量、地理信息数据生产和测绘管理等工作的高素质技术技能人才。

2.就业面向

就业主要面向测绘、国土资源、城市规划等企事业单位,在工程建设规划及勘察设计、工程施工、运营管理岗位群,从事基础测绘和工程测量等工作。

3.主要职业能力

(1)具备新知识、新技能的学习能力和创新创业能力。

(2)具备建立区域大地控制网能力。

(3)具备熟练应用测绘软件完成数字化地图制图的能力。

(4)具备地理空间数据采集、处理与分析操作能力。

(5)具备测绘仪器设备基本检验、维护能力。

(6)具备测绘工程项目设计实施及相关技术文档编制能力。

(7)具备测绘工程项目管理、组织实施能力。

(8)掌握地形图测绘能力。

(9)掌握工程施工测量能力。

(四)测绘地理信息技术

1.培养目标

本专业培养德、智、体、美全面发展,具有良好的职业道德和人文素养,掌握测绘与地理信息系统基本知识,熟悉测绘仪器使用和地理信息软件应用,了解摄影测量与遥感知识,具备工程测量技术应用能力及空间数据外业采集、加工、处理,内业建库、维护、管理、更新能力,从事测绘、地理信息应用与维护等工作的高素质技术技能人才。

2.就业面向

就业主要面向测绘、国土资源、城市规划等企事业单位,在测绘、地理信息技术领域,从事工程测量、数字测图、地理信息数据采集、地理信息系统建库等工作。

3.主要职业能力

(1)具备新知识、新技能的学习能力和创新创业能力。

(2)具备空间数据库建设、维护、管理和数据库更新的能力。

(3)具备良好的团队合作精神和独立工作能力。

(4)掌握空间地理信息系统的基本理论。

(5)掌握测绘基础、数字测图技术、控制测量、GNSS 定位测量、测量数据处理和工程测量的理论知识。

(6)掌握地理信息系统软件的应用和使用方法。

(7)了解测绘工程设计方法及地理信息系统软件的二次开发。

(五)地籍测绘与土地管理

1.培养目标

本专业培养德、智、体、美全面发展,具有良好职业道德和人文素养,掌握测绘与土地管理的基本知识,具备地籍房产测绘、地理信息技术应用、地籍管理能力,从事土地信息的采集、处理、分析、表达、存储、应用和管理等工作的高素质技术技能人才。

2.就业面向

就业主要面向国土资源管理、房地产企业和房产管理等企事业单位,在地形地籍(房产)测绘、不动产调查与登记、地理信息技术应用岗位群,从事地籍(房产)测绘技术和管理等工作。

3.主要职业能力

(1)具备新知识、新技能的学习能力和创新创业能力。

(2)具备应用主流软件进行数字测图的能力。

(3)具备地形地籍测绘、房产测绘、土地调查、地理信息技术应用能力。

(4)具备地形地籍测绘、土地调查、地理信息系统等信息数据处理能力。

(5)具备文献检索、资料查询能力。

(6)具备土地整理、分等定级估价、土地利用规划及土地开发经营能力。

(7)熟练掌握测绘仪器的操作技能。

(8)熟练掌握地形、地籍测绘等野外数据采集的技能。

(9)熟练掌握数—形转换、图形编辑与地形图、地籍图、房产图等图件的制作技能。

(六)矿山测量

1.培养目标

本专业培养德、智、体、美全面发展,具有良好职业道德和人文素养,掌握控制测量、测量误差、数字测图基本知识,具备矿山开发各阶段测绘项目管理、组织实施、内外作业和各类型测量方案设计能力,从事矿山控制测量、井下巷道施工测量、矿山大型建筑物变形观测及其数据处理等测绘工作,项目管理、项目组织实施、内外作业的高素质技术技能人才。

2.就业面向

就业主要面向矿山资源勘查、规划设计、矿井生产建设、测绘等企事业单位，从事矿山测绘、大地测量、地理信息数据采集、工程测量等工作。

3.主要职业能力

(1)具备新知识、新技能的学习能力和创新创业能力。

(2)具备大比例尺地形图、地籍图的测绘及其数字化处理能力。

(3)具备井下控制测量的施测和计算能力。

(4)具备井下巷道施工测量日常生产组织管理能力。

(5)具备矿山大型建筑物变形观测及其数据处理的基本能力。

(6)具备大型精密设备安装测量能力。

(7)具备测量常规仪器，设备检验和维护能力。

(8)具备岩层与地表移动基本理念及其监测能力。

(9)掌握矿区测量控制网的设计、观测和内业数据处理技能。

(七)测绘与地质工程技术

1.培养目标

本专业培养德、智、体、美全面发展，具有良好职业道德和人文素养，掌握测绘和地理信息系统基本知识，具备数字测图、地质工程控制测量、施工放样能力，从事国土资源、地质勘查、矿业开发、矿山管理、矿山旅游资源开发规划等工作的高素质技术技能人才。

2.就业面向

就业主要面向国土资源、测绘、矿山、地质勘探等企事业单位，在地质探勘、矿业开发、矿山旅游资源开发等技术领域，从事控制测量、工程测量、变形监测、地理信息系统应用等工作。

3.主要职业能力

(1)具备新知识、新技能的学习能力和创新创业能力。

(2)具备变形监测，数据处理、分析，预测地质灾害的能力。

(3)具备良好的团队合作精神和独立工作能力。

(4)掌握测绘与地质工程有关的专业知识。

(5)掌握测绘基础、测量数据处理、数字测图技术、控制测量、矿山测量的理论知识。

(6)掌握地理信息系统软件的应用和使用方法。

(7)了解地质学、固体矿产勘查及开采的理论知识。

(八)导航与位置服务

1.培养目标

本专业培养德、智、体、美全面发展，具有良好职业道德和人文素养，掌握遥感数据采集与处理、地理信息系统软件应用、外业导航地理数据采集、导航电子地图制作基本知识，具备卫星定位测量、平面和高程控制网加密测量、外业导航地理信息采集、内业导航地理信息制作能力，从事组织管理、项目实施、内外作业等工作的高素质技术技能人才。

2.就业面向

就业主要面向基础测绘、城市建设、资源开发等企事业单位，在大地测量、摄影测量、地理信息数据采集岗位群,从事导航数据采集、加工、更新及运营服务等技术应用与管理工作。

3.主要职业能力

(1)具备新知识、新技能的学习能力和创新创业能力。

(2)具备卫星定位测量能力。

(3)具备平面和高程控制网加密测量能力。

(4)具备地形图测绘能力。

(5)具备工程施工测量能力。

(6)具备地理信息系统应用与维护能力。

(7)具备数字摄影测量数据生产能力。

(8)具备遥感数据采集与处理能力。

(9)具备外业导航地理信息采集能力。

(10)具备内业导航电子地图制作能力。

(11)具备导航与位置服务技术文件的编写能力。

(九)地图制图与数字传播技术

1.培养目标

本专业培养德、智、体、美全面发展,具有良好职业道德和人文素养,掌握现代地图学及数字传播基本知识,具备地理信息数据的采集、处理、管理和地图制图能力,从事地图编制、电子地图媒体应用、地理信息数据处理及其网络化、数字化传播等工作的高素质技术技能人才。

2.就业面向

就业主要面向测绘、城建、交通等部门,从事各类地图的设计、编辑、制作、应用等工作。

3.主要职业能力

(1)具备新知识、新技能的学习能力和创新创业能力。

(2)具备常规测绘仪器使用能力。

(3)具备普通地图与专题地图制作能力。

(4)具备摄影与遥感图像处理及制图能力。

(5)具备地理信息系统应用能力。

(6)具备电子地图媒体应用能力。

(7)掌握地图学和传播学的基本知识。

(十)地理国情监测技术

1.培养目标

本专业培养德、智、体、美全面发展,具有良好职业道德和人文素养,掌握地理国情监测基本知识,具备地理国情信息获取、处理、综合分析、应用和共享服务能力,从事地理信息系统应用、地理国情调查、地理国情数据分析等工作的高素质技术技能人才。

2.就业面向

就业主要面向测绘、国土资源、土地规划、重大工程等部门,在地理国情信息处理、数据库建库、地理国情数据统计岗位群，从事地理信息系统建设、地理国情调查、地理国情数据分析等工作。

3.主要职业能力

(1)具备新知识、新技能的学习能力和创新创业能力。

(2)具备根据测量和遥感数据，熟练使用地理信息系统常用软件和工作平台，对地表自然和人文地理要素等地理信息进行调查(普查)、统计和分析的能力。

(3)具备实地踏勘和资料收集，对监测对象的地理国情信息进行调查、采集和整理能力。

(4)具备对地理国情信息进行分析处理，形成监测(普查)要素指标数据的能力。

(十一)国土测绘与规划

1.培养目标

本专业培养德、智、体、美全面发展，具有良好职业道德和人文素养，熟悉城乡规划方针、政策、法规，掌握国土测绘和城乡规划基本知识，具备测绘、土地规划、城乡规划能力，从事国土与村镇测绘、规划及管理等工作的高素质技术技能人才。

2.就业面向

就业主要面向国土规划与建设部门，在地形地籍测绘、土地规划、村镇规划岗位群，从事测绘、规划管理、地理信息技术的应用等工作。

3.主要职业能力

(1)具备新知识、新技能的学习能力和创新创业能力。

(2)具备应用主流软件进行数字测图的能力。

(3)具备测绘、规划、地理信息技术应用能力。

(4)具备测绘、规划、地理信息技术等信息数据处理能力。

(5)具备土地规划和村镇规划能力。

(6)具备文献检索、资料查询能力。

(7)熟练掌握测绘仪器的操作技能。

(8)熟练掌握地形、地籍测绘等野外数据采集技能。

(9)熟练掌握数—形转换、图形编辑与地形图、地籍图等图件的制作技能。

三、专业办学点统计分析

(一)专业办学点规模变化情况

根据教育部公布的全国高等职业教育专业设置平台数据统计，随着测绘地理信息行业的快速发展，全国测绘地理信息类专业高职阶段的办学规模呈逐年增加趋势，由调整前即2015年的327个办学点逐渐增加至2019年的451个，增幅达38%，如图3-1所示。

专业目录调整前后测绘地理信息类专业高职办学点规模变化情况详见表3-3和图3-2。开办较多的是：工程测量技术、测绘地理信息技术、摄影测量与遥感技术、测绘工程技术、地籍测绘与土地管理，均有三年制和五年制，工程测量技术专业还有两年制办学。前4个专业每年的办学点都在增长，顺应了我国近几年测绘地理信息行业规模发展、基础设施建设、国土资源调查、土地整治、不动产登记等重大项目的开展对相关专业技术技能人才的需求。

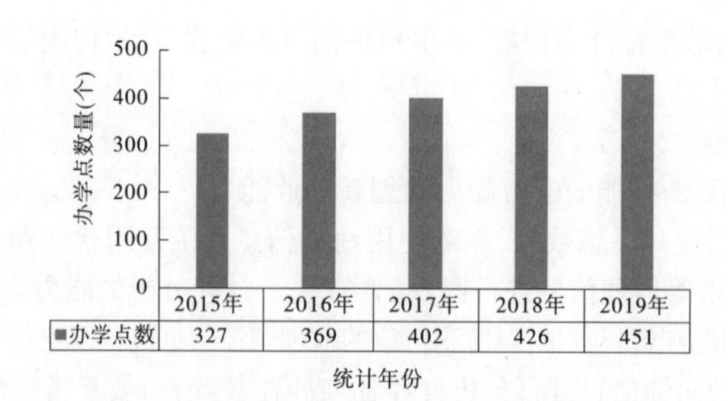

图 3-1　全国测绘地理信息类专业办学点统计数据

表 3-3　2015~2019 年测绘地理信息类专业高职办学点统计

序号	专业名称	2015 年	2016 年	2017 年	2018 年	2019 年
1	工程测量技术	235	251	261	270	279
2	摄影测量与遥感技术	11	18	25	32	38
3	测绘工程技术	11	13	16	23	24
4	测绘地理信息技术	33	40	45	48	58
5	地籍测绘与土地管理	16	20	21	22	20
6	矿山测量	17	16	14	9	8
7	测绘与地质工程技术	2	2	5	5	4
8	导航与位置服务	2	2	3	5	4
9	地图制图与数字传播技术	0	3	4	3	4
10	地理国情监测技术	0	0	0	0	1
11	国土测绘与规划	0	4	8	9	11
合计		327	369	402	426	451

11 个测绘地理信息类专业中,尤以工程测量技术专业的办学点最多,占测绘地理信息类专业办学点总数的 60%以上,且一直保持高速增长,这与工程测量广泛服务于建筑、交通、市政、水利、水电、能源等行业领域,服务面广,以及近年来大量的工程建设和运营维护对工程测量技术技能人才的需求急剧增加密不可分。工程测量技术专业办学点增势最猛,但却略有下滑趋势,这是由于新技术、新设备的发展及应用推广,改变了传统意义上的测绘观念和方法手段,从而有力推动了与新技术关联的专业融合发展。如,基于物联网技术和传感设备的自动化变形监测和实时预警手段正逐步应用于结构化变形监测领域,并将成为工程施工、运营维护和管理的重要技术手段;基于无人机技术的倾斜摄影测量、基于机载激光雷达的地表监测等新技术迅速发展并逐步走向成熟,这便是摄影测量与遥感技术专业办学点稳步增加的主要原因。地籍测绘与土地管理近四年基本维持在 20~22 个办学点,有三年制和五年制,符合近几年国土资源管理和不动产市场需求趋于平稳这一实际。

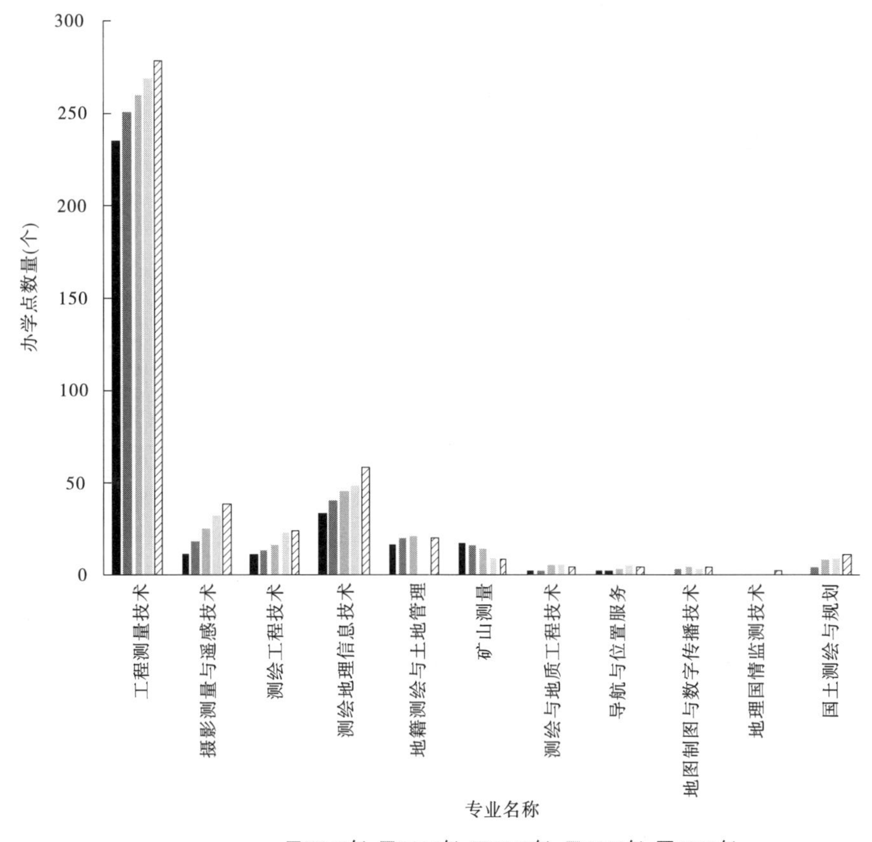

图 3-2　2015~2019 年测绘地理信息类专业办学点统计

新增设的地图制图与数字传播技术、地理国情监测技术、国土测绘与规划等 3 个专业均为三年制办学,国土测绘与规划的办学点近 4 年由 4 个增至 11 个,增幅较大,且伴随着自然资源部的成立,以及国土空间规划的实施,国土测绘与规划将有更大的发展空间。地图制图与数字传播技术的办学点基本维持在 3~4 个,地理国情监测技术专业直到 2019 年才开始有 1 个办学点,且为 2018 年刚由中职升格为高职的河南测绘职业学院。原有的测绘与地质工程技术、导航与位置服务专业办学点近 4 年均由 2 个增至 4 个。从目前的办学点数量看,测绘与地质工程技术、导航与位置服务、地图制图与数字传播技术、地理国情监测技术均属小众专业,技术服务面窄,就业领域有一定的局限性,因此在全国范围内的办学点寥寥可数。

矿山测量专业办学点近五年由 17 个降至 8 个,办学点逐年减少,办学规模呈萎缩趋势,这与近年来矿山不景气,对矿山测量人才需求量减少密切相关。

自 2015 年测绘地理信息类专业目录调整更新后,2016~2019 年各个专业办学点增量统计如图 3-3 所示。以上数据表明,测绘地理信息类各专业的开办与行业发展趋势、市场对人才的需求基本吻合。

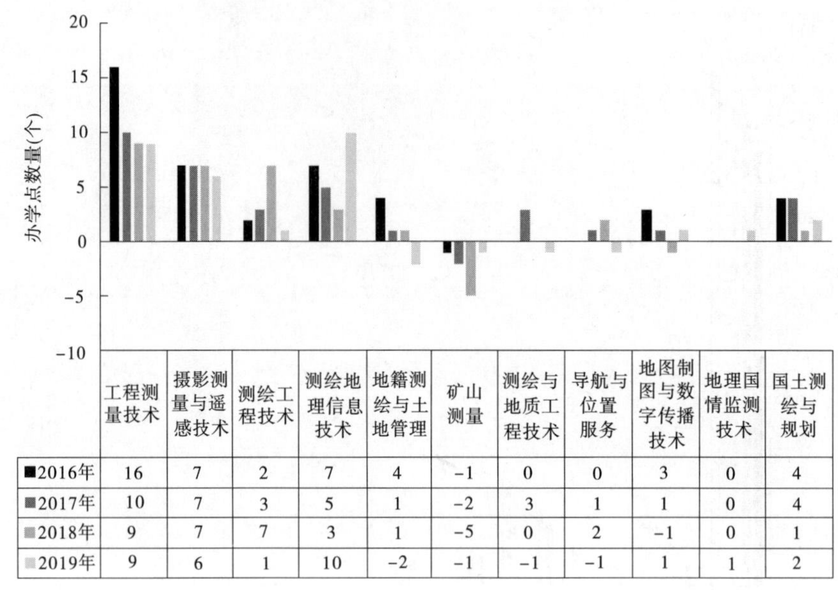

	工程测量技术	摄影测量与遥感技术	测绘工程技术	测绘地理信息技术	地籍测绘与土地管理	矿山测量	测绘与地质工程技术	导航与位置服务	地图制图与数字传播技术	地理国情监测技术	国土测绘与规划
2016年	16	7	2	7	4	−1	0	0	3	0	4
2017年	10	7	3	5	1	−2	3	1	1	0	4
2018年	9	7	7	3	1	−5	0	2	−1	0	1
2019年	9	6	1	10	−2	−1	−1	−1	1	1	2

图 3-3　2016~2019 年测绘地理信息类专业办学点增量统计

(二)专业办学点区域分布情况

截至 2019 年,全国有 451 个办学点开设了测绘地理信息类专业,统计数据显示,华中、西南、华东的办学点较多,而华南的专业办学点较少。2019 年全国开设的测绘地理信息类专业办学点在七大区域内的统计情况见表 3-4。

表 3-4　2019 年全国七大区域测绘地理信息类各专业办学点数量统计

序号	专业名称	华北	东北	华东	华南	华中	西南	西北	合计	开设省份数量
1	工程测量技术	36	34	46	16	52	52	43	279	29
2	摄影测量与遥感技术	7	4	4	4	8	3	8	38	18
3	测绘工程技术	1	2	3	0	8	6	4	24	12
4	测绘地理信息技术	7	4	12	3	10	13	9	58	22
5	地籍测绘与土地管理	2	1	6	1	4	4	2	20	16
6	矿山测量	3	1	3	0	0	0	1	8	4
7	测绘与地质工程技术	1	0	0	0	3	0	0	4	2
8	导航与位置服务	0	0	0	0	2	1	1	4	3
9	地图制图与数字传播技术	0	0	1	0	3	0	0	4	3
10	地理国情监测技术	0	0	0	0	1	0	0	1	1
11	国土测绘与规划	0	0	2	0	5	3	1	11	8
合计		57	46	77	24	96	82	69	451	—

全国开设测绘地理信息类专业门类较多的省份有河南、甘肃、云南、湖北、山西、安徽等，具体情况如表3-5所示。除海南和西藏暂未开设测绘地理信息类专业外，其余各省均开设有工程测量技术专业，且开设专业的门类数最多达9种，占专业门类总数的81.8%。

表3-5　各省份开设测绘地理信息类专业情况

序号	开设专业门类	省份	开设专业名称
1	9	河南	工程测量技术、摄影测量与遥感技术、测绘工程技术、测绘地理信息技术、地籍测绘与土地管理、地图制图与数字传播技术、地理国情监测技术、导航与位置服务、国土测绘与规划
2	8	甘肃	工程测量技术、摄影测量与遥感技术、测绘工程技术、测绘地理信息技术、地籍测绘与土地管理、矿山测量、导航与位置服务、国土测绘与规划
3	7	云南	工程测量技术、摄影测量与遥感技术、测绘工程技术、测绘地理信息技术、地籍测绘与土地管理、导航与位置服务、国土测绘与规划
		湖北	工程测量技术、摄影测量与遥感技术、测绘工程技术、测绘地理信息技术、地籍测绘与土地管理、地图制图与数字传播技术、国土测绘与规划
4	6	山西	工程测量技术、摄影测量与遥感技术、测绘地理信息技术、地籍测绘与土地管理、矿山测量、测绘与地质工程技术
		安徽	工程测量技术、测绘工程技术、测绘地理信息技术、地籍测绘与土地管理、矿山测量、地图制图与数字传播技术
5	5	江西	工程测量技术、摄影测量与遥感技术、测绘地理信息技术、地籍测绘与土地管理、国土测绘与规划
		辽宁	工程测量技术、摄影测量与遥感技术、测绘工程技术、测绘地理信息技术、地籍测绘与土地管理
		湖南	工程测量技术、测绘工程技术、测绘地理信息技术、测绘与地质工程技术、国土测绘与规划
		四川	工程测量技术、摄影测量与遥感技术、测绘工程技术、测绘地理信息技术、地籍测绘与土地管理
		河北	工程测量技术、摄影测量与遥感技术、测绘地理信息技术、测绘工程技术、地籍测绘与土地管理

续表 3-5

序号	开设专业门类	省份	开设专业名称
6	4	吉林	工程测量技术、测绘工程技术、测绘地理信息技术、矿山测量
		江苏	工程测量技术、摄影测量与遥感技术、测绘地理信息技术、国土测绘与规划
		陕西	工程测量技术、摄影测量与遥感技术、测绘地理信息技术、地籍测绘与土地管理
		山东	工程测量技术、测绘地理信息技术、测绘工程技术、地籍测绘与土地管理
		福建	工程测量技术、摄影测量与遥感技术、测绘地理信息技术、地籍测绘与土地管理
		广东	工程测量技术、摄影测量与遥感技术、测绘地理信息技术、地籍测绘与土地管理
7	3	广西	工程测量技术、摄影测量与遥感技术、测绘地理信息技术
		重庆	工程测量技术、测绘地理信息技术、地籍测绘与土地管理
		内蒙古	工程测量技术、摄影测量与遥感技术、测绘地理信息技术
		宁夏	工程测量技术、摄影测量与遥感技术、测绘地理信息技术
		贵州	工程测量技术、测绘地理信息技术、国土测绘与规划
8	2	浙江	工程测量技术、地籍测绘与土地管理
		新疆	工程测量技术、测绘工程技术
		黑龙江	工程测量技术、摄影测量与遥感技术
		天津	工程测量技术、摄影测量与遥感技术
9	1	上海	工程测量技术
		北京	工程测量技术
		青海	工程测量技术

测绘地理信息类专业在各省市的详细开办情况如表 3-6 所示。工程测量技术专业办学点覆盖全国 29 个省(直辖市),办学点的行业背景涉及测绘、建筑、交通、水利、水电、能源、国土、环境、农业、林业、矿业等领域。

表 3-6　2019 年各省市测绘地理信息类专业办学点统计总表

片区	省（直辖市）	工程测量技术		摄影测量与遥感技术		测绘工程技术		测绘地理信息技术		地籍测绘与土地管理		矿山测量		测绘与地质工程技术		导航与位置服务		地图制图与数字传播技术		地理国情监测技术		国土测绘与规划	
		办学点	院校数	办学点	院校数	办学点	院校数	办学点	院校数	办学点	院校数	办学点	院校数	办学点	院校数	办学点	院校数	办学点	院校数	办学点	院校数	办学点	院校数
西北	新疆	5	5	0	0	2	2	0	0	0	0	0	0	0	0	0	0	0	0	0	0	0	0
	宁夏	2	1	1	1	0	0	1	1	0	0	0	0	0	0	0	0	0	0	0	0	0	0
	青海	2	2	0	0	0	0	0	0	0	0	0	0	0	0	0	0	0	0	0	0	0	0
	甘肃	13	13	2	2	2	2	7	7	1	1	1	1	0	0	1	1	0	0	0	0	1	1
	陕西	21	19	5	5	0	0	1	1	1	1	0	0	0	0	0	0	0	0	0	0	0	0
	小计	43	40	8	8	4	4	9	9	2	2	1	1	0	0	1	1	0	0	0	0	1	1
西南	云南	18	16	2	2	5	4	8	7	2	1	0	0	0	0	1	1	0	0	0	0	2	2
	贵州	13	12	0	0	0	0	1	1	0	0	0	0	0	0	0	0	0	0	0	0	1	1
	四川	15	12	1	1	1	1	3	3	1	1	0	0	0	0	0	0	0	0	0	0	0	0
	重庆	6	6	0	0	0	0	1	1	1	1	0	0	0	0	0	0	0	0	0	0	0	0
	西藏	0	0	0	0	0	0	0	0	0	0	0	0	0	0	0	0	0	0	0	0	0	0
	小计	52	46	3	3	6	5	13	12	4	3	0	0	0	0	1	1	0	0	0	0	3	3
华南	广西	10	9	3	3	0	0	1	1	0	0	0	0	0	0	0	0	0	0	0	0	0	0
	广东	6	6	1	1	0	0	2	2	1	1	0	0	0	0	0	0	0	0	0	0	0	0
	海南	0	0	0	0	0	0	0	0	0	0	0	0	0	0	0	0	0	0	0	0	0	0
	小计	16	15	4	4	0	0	3	3	1	1	0	0	0	0	0	0	0	0	0	0	0	0
华中	湖南	8	7	0	0	1	1	3	3	0	0	0	0	3	2	0	0	0	0	0	0	2	2
	湖北	16	15	2	2	1	1	3	3	1	1	0	0	0	0	0	0	2	2	0	0	1	1
	河南	28	22	6	5	6	5	4	3	3	3	0	0	0	0	2	2	1	1	1	1	2	2
	小计	52	46	8	7	8	7	10	9	4	4	0	0	3	2	2	2	3	3	1	1	5	5

续表 3-6

片区	省（直辖市）	工程测量技术		摄影测量与遥感技术		测绘工程技术		测绘地理信息技术		地籍测绘与土地管理		矿山测量		测绘与地质工程技术		导航与位置服务		地图制图与数字传播技术		地理国情监测技术		国土测绘与规划	
		办学点	院校数	办学点	院校数	办学点	院校数	办学点	院校数	办学点	院校数	办学点	院校数	办学点	院校数	办学点	院校数	办学点	院校数	办学点	院校数	办学点	院校数
华东	山东	7	7	0	0	1	1	4	4	1	1	0	0	0	0	0	0	0	0	0	0	0	0
	江西	13	9	2	2	0	0	4	4	1	1	0	0	0	0	0	0	0	0	0	0	1	1
	福建	5	3	1	1	0	0	1	1	1	1	0	0	0	0	0	0	0	0	0	0	0	0
	安徽	13	10	0	0	2	2	1	1	2	2	3	2	0	0	0	0	1	1	0	0	0	0
	浙江	3	2	0	0	0	0	0	0	1	1	0	0	0	0	0	0	0	0	0	0	0	0
	江苏	4	4	1	1	0	0	2	2	0	0	0	0	0	0	0	0	0	0	0	0	1	1
	上海	1	1	0	0	0	0	0	0	0	0	0	0	0	0	0	0	0	0	0	0	0	0
	小计	46	36	4	4	3	3	12	12	6	6	3	2	0	0	0	0	1	1	0	0	2	2
东北	黑龙江	12	11	1	1	0	0	0	0	0	0	0	0	0	0	0	0	0	0	0	0	0	0
	吉林	12	7	0	0	1	1	1	1	0	0	1	1	0	0	0	0	0	0	0	0	0	0
	辽宁	10	8	3	3	1	1	3	3	1	1	0	0	0	0	0	0	0	0	0	0	0	0
	小计	34	26	4	4	2	2	4	4	1	1	1	1	0	0	0	0	0	0	0	0	0	0
华北	内蒙古	6	6	2	2	0	0	1	1	0	0	0	0	0	0	0	0	0	0	0	0	0	0
	山西	11	11	3	3	0	0	2	2	1	1	3	3	1	1	0	0	0	0	0	0	0	0
	河北	13	13	1	1	1	1	4	3	1	1	0	0	0	0	0	0	0	0	0	0	0	0
	天津	5	5	1	1	0	0	0	0	0	0	0	0	0	0	0	0	0	0	0	0	0	0
	北京	1	1	0	0	0	0	0	0	0	0	0	0	0	0	0	0	0	0	0	0	0	0
	小计	36	36	7	7	1	1	7	6	2	2	3	3	1	1	0	0	0	0	0	0	0	0
合计		279	243	38	37	24	22	58	55	20	19	8	7	4	3	4	4	4	4	1	1	11	11

办学点较少的测绘与地质工程技术专业分布在湖南和山西，有三年制和五年制；导航与位置服务专业分布在河南、甘肃和云南，地理国情监测技术专业仅在河南有1所院校开办，均为三年制办学。

需要特别指出的是，我国矿产资源丰富，主要的矿业大省为山西、内蒙古、山东、陕西、安徽、河南、河北、贵州、云南和辽宁，10个省份固体矿产产值占全国73%，数山西、内蒙古、山东、陕西等煤炭资源丰富。固体矿山企业主要分布在云南、湖南、四川、贵州、江西、陕西、内蒙古、山西、新疆和河北，10个省份固体矿山企业占全国58%。矿产企业多的省份主要是有色金属分布广泛的地区，比如云南、湖南、贵州、江西等省，山西、陕西、内蒙古、新疆等煤炭省份的排名相对靠后，说明有色金属企业数量众多。而目前开办矿山测量专业的省份只有山西、安徽、甘肃、吉林4个省，有两年制和三年制，办学院校以山西和安徽居多，山西3所，安徽2所，甘肃和吉林各1所，其他矿业大省并没有设矿山测量办学点。经调研，并非当地矿山企业无人才需求，而是毕业生不愿意到矿山工作，不愿意到矿山的主要原因是工作地点偏僻，工作环境过于枯燥、艰苦，大多毕业生首选留在城市工作，而不愿意到山区。

（三）举办院校分布情况

根据教育部2019年公布的全国高等职业教育专业设置平台数据，统计出全国开设测绘地理信息类高职专业的院校数量有270所，各专业的举办院校分布情况详见表3-7。

表3-7　2019年测绘地理信息类高职专业举办院校分布情况

序号	专业名称	华中	西南	华东	西北	华北	东北	华南	合计
1	工程测量技术	44	46	36	40	36	26	15	243
2	摄影测量与遥感技术	7	3	4	8	7	4	4	37
3	测绘工程技术	7	5	3	4	1	2	0	22
4	测绘地理信息技术	9	12	12	9	6	4	3	55
5	地籍测绘与土地管理	4	3	6	2	2	1	1	19
6	矿山测量	0	0	2	1	3	1	0	7
7	测绘与地质工程技术	2	0	0	0	1	0	0	3
8	导航与位置服务	2	1	0	1	0	0	0	4
9	地图制图与数字传播技术	3	0	1	0	0	0	0	4
10	地理国情监测技术	1	0	0	0	0	0	0	1
11	国土测绘与规划	5	3	2	1	0	0	0	11

表3-7数据显示，华中、西南、西北三大区域开办测绘地理信息类高职专业的院校数量最多，且专业种类也较多。华南地区开办测绘地理信息类高职专业的院校数量最少，且专业种类也最少。

笔者对各专业举办院校数量较多的省份进行了统计，如表3-8所示。河南省举办工程测量技术、摄影测量与遥感技术、测绘工程技术、地籍测绘与土地管理、导航与位置服务、地理国情监测技术、国土测绘与规划专业的院校数位列全国第一，其中，工程测量技术专业在河南省的开办院校数高达22所，地理国情监测技术专业唯一的办学点也在河南。其次，云南省举办测绘地理信息技术、国土测绘与规划专业的院校数也居全国之首，11个专业的举办院校主要分布在中西部地区，究其原因，有3个方面：

表3-8 各专业开办院校数量最多的省份

专业名称	省份	院校数量	专业名称	省份	院校数量
工程测量技术	河南	22	测绘与地质工程技术	湖南	2
摄影测量与遥感技术	河南、陕西	5	导航与位置服务	河南	2
测绘工程技术	河南	5	地图制图与数字传播技术	湖北	2
测绘地理信息技术	云南、甘肃	7	地理国情监测技术	河南	1
地籍测绘与土地管理	河南	3	国土测绘与规划	云南、湖南、河南	2
矿山测量	山西	3			

（1）测绘地理信息类专业属于艰苦行业，城市孩子大多不愿意报考，也不愿意到经济欠发达地区和边疆地区就业。而农村孩子大多不怕吃苦，专业就业形势好是他们选择报考的主要因素。因此，测绘地理信息类专业的主要生源依然是农村孩子。

（2）东部是我国经济发达地区，招生困难；而中西部地区是我国主要的农村腹地，农村生源相对充足，为院校招生奠定了基础。

（3）中西部地区矿产、水电、森林等资源丰富，但地形地貌复杂，经济落后，留不住人才；而中西部地区大量的基础设施建设急需各类测绘地理信息技术技能人才。

因此，中西部地区应重视"本土化"人才培养，以满足地方经济建设需要，更好地服务地方经济。

全国270所开办测绘地理信息类专业的院校中，有170所、近63%的院校同时开办了3个以上专业。其中，河南测绘职业学院开办的专业门类最多，有9个专业；云南国土资源职业学院开办了7个专业；黄河水利职业技术学院、湖北国土资源职业学院、江西应用技术职业学院均开办了5个专业。具体见表3-9。

表3-9　全国测绘地理信息类专业开办较多的院校统计

片区	省份	院校数量	院校名称	测绘地理信息类专业数
华中	河南	24	河南测绘职业学院	9
			黄河水利职业技术学院	5
			河南工业职业技术学院	3
			河南水利与环境职业学院	3
			河南工业和信息化职业学院	3
	湖北	17	湖北国土资源职业学院	5
			长江工程职业技术学院	4
西北	陕西	20	陕西能源职业技术学院	3
	甘肃	14	甘肃建筑职业技术学院	4
			兰州资源环境职业技术学院	4
			甘肃林业职业技术学院	3
			甘肃工业职业技术学院	3
华北	河北	14	石家庄铁路职业技术学院	3
	山西	12	山西水利职业技术学院	4
			山西煤炭职业技术学院	3
	内蒙古	6	内蒙古建筑职业技术学院	3
西南	云南	16	云南国土资源职业学院	7
			昆明冶金高等专科学校	4
			云南能源职业技术学院	3
			玉溪农业职业技术学院	3
	四川	14	四川水利职业技术学院	4
	重庆	6	重庆工程职业技术学院	3
华东	江西	9	江西应用技术职业学院	5
			江西信息应用职业技术学院	3
	江苏	5	扬州市职业大学	3
华南	广东	4	广东工贸职业技术学院	4
东北	辽宁	9	辽宁水利职业学院	4
			辽宁省交通高等专科学校	3
共计				70

(四)高热度专业的开办情况

测绘地理信息类专业中办学热度较高的专业分别是工程测量技术、测绘地理信息技术、摄影测量与遥感技术、测绘工程技术。

1.工程测量技术专业

2017 年专业办学统计数据显示,工程测量技术专业开设院校数在全国排名第 45 位,其中示范院校 29 所、骨干院校 21 所,在校生总人数达 33 452 人,在校生规模全国排名第 55 位。工程测量技术专业的高职办学时间较早,从 20 世纪 90 年代开始,设置有两年制、三年制、五年制高职教学,专业在校生人数统计情况见图 3-4,办学规模最大的是黄河水利职业技术学院,在校生有 881 人。

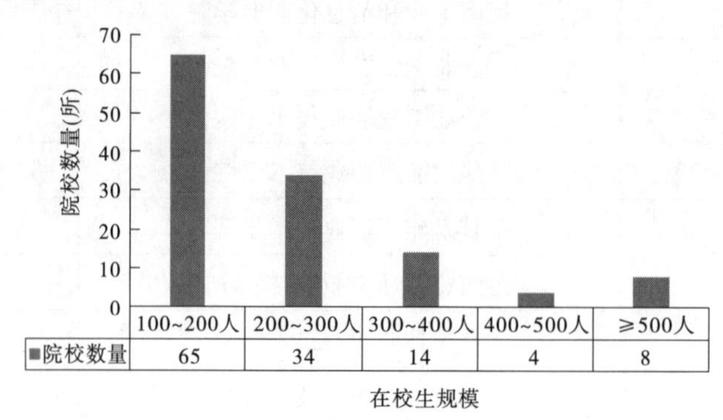

图 3-4　工程测量技术专业在校生规模

2.测绘地理信息技术专业

2017 年统计数据显示,测绘地理信息技术专业于 2002 年开始招生办学,均设三年制教学。专业开设院校数在全国排名第 218 位,其中示范院校 10 所、骨干院校 3 所,在校生 3 839 人,在校生规模排名为全国第 224 位。在校生 300 人以上院校 3 所,在校生 200~300 人的院校 6 所,在校生 100~200 人的院校 3 所。

3.摄影测量与遥感技术专业

摄影测量与遥感技术专业开设院校数在全国排名第 339 位,其中示范院校 5 所、骨干院校 2 所,在校生总人数达 1 149 人,在校生规模排名为全国第 393 位。摄影测量与遥感技术专业的高职办学时间基本从 2013 年开始,目前均是三年制高职教学。专业在校生人数最多的是黄河水利职业技术学院,在校生有 288 人, 100 人以上院校共 4 所。

4.测绘工程技术专业

开设测绘工程技术专业的院校数在全国排名第 365 位,其中示范院校 4 所,在校生 1 493人,在校生规模在全国排名第 349 位。专业目前均是三年制高职教学,昆明冶金高等专科学校在校生人数最多,有 362 人,200 人以上院校 3 所,在校生 100~200 人的院校 2 所。

第二节　测绘地理信息高职教育教学改革实施情况

一、示范院校建设计划实施情况

伴随着我国高等职业教育的蓬勃发展,为全面提高高等职业教育教学质量,2006 年,教育部开始实施“国家示范性高等职业院校建设计划”,重点支持建设 100 所示范性院校。各示范建设院校在探索校企合作办学体制机制、工学结合人才培养模式、单独招生试点、增强社会服务能力、跨区域共享优质教育资源等方面取得了显著成效，引领了全国高职院校的改革与发展方向。

2010 年，教育部在原有已建设 100 所国家示范性高等职业院校的基础上，继续推进“国家示范性高等职业院校建设计划”实施，扩大国家重点建设院校数量，新增 100 所骨干高职院校。各项目学校在教产结合体制机制创新、校企合作人才培养模式改革、专业教学方案修订、课程开发、实训条件和师资队伍建设等方面开展建设，凝练办学特色，形成一系列示范建设成果，教育教学质量全面提升，社会认可度高，进一步扩大了示范效应。

2006~2015 年，全国共有 8 所院校的测绘地理信息类专业列入国家示范院校和骨干院校建设项目重点专业建设。其中，4 所国家示范院校、2 所国家骨干院校将工程测量技术列入重点专业建设，1 所国家示范院校的测绘工程技术专业和 1 所国家骨干院校的矿山测量专业列入重点专业建设，并先后通过教育部验收。与此同时，各省（直辖市）也开展了省级示范和骨干院校建设，更多的测绘地理信息类专业列入省级重点专业建设项目，专业建设推动了测绘地理信息高等职业教育的发展，一定程度上发挥了示范引领作用，见表 3-10。

表 3-10　测绘地理信息类专业国家级重点专业建设统计

重点专业	数量	院校名称	建设类型		立项时间
			国家示范	国家骨干	
工程测量技术	6	黄河水利职业技术学院	■		2006 年
		北京工业职业技术学院	■		2007 年
		石家庄铁路职业技术学院	■		2007 年
		重庆工程职业技术学院	■		2007 年
		吉林交通职业技术学院		■	2010 年
		江西应用技术职业学院		■	2010 年
测绘工程技术	1	昆明冶金高等专科学校	■		2008 年
矿山测量	1	山西煤炭职业技术学院		■	2010 年

二、创新发展行动计划实施情况

2015 年，教育部启动高等职业教育创新发展行动计划，提出建设 200 所优质专科高等职业院校目标，为高职教育树立起改革发展的“新标杆”。经过 3 年建设，2019 年，教育部认定了 200 所优质专科高等职业院校、2 919 个骨干专业、1 164 个生产性实训基地、440 个“双师型”教师培养培训基地、46 个虚拟仿真实训中心、480 个协同创新中心和 98 个技能大师工作室。全国共有 19 所院校的工程测量技术专业、2 所院校的测绘地理信息技术专业、1 所院校的测绘工程技术专业、1 所院校的矿山测量专业被认定为国家级骨干专业，10 所院校的测绘地理信息类生产性实训基地被认定为国家级生产性实训基地，2 所院校的协同创新中心被认定为国家级协同创新中心、1 所院校的“双师型”教师培养培训基地被认定为国家级“双师型”教师培养培训基地，见表 3-11。

表 3-11　创新发展行动计划测绘地理信息类专业项目认定统计

认定类型	数量	院校名称	项目名称
骨干专业	23	北京工业职业技术学院	工程测量技术
		石家庄铁路职业技术学院	工程测量技术
		山西交通职业技术学院	工程测量技术
		山西煤炭职业技术学院	工程测量技术
		山西水利职业技术学院	工程测量技术
		辽源职业技术学院	工程测量技术
		安徽水利水电职业技术学院	工程测量技术
		江西应用技术职业学院	工程测量技术
		河南水利与环境职业学院	工程测量技术
		黄河水利职业技术学院	工程测量技术
		鄂州职业大学	工程测量技术
		武汉电力职业技术学院	工程测量技术
		湖南工程职业技术学院	工程测量技术
		广东工贸职业技术学院	工程测量技术
		广东工贸职业技术学院	测绘地理信息技术
		重庆工程职业技术学院	工程测量技术
		四川建筑职业技术学院	工程测量技术
		贵州建设职业技术学院	工程测量技术
		昆明冶金高等专科学校	测绘工程技术
		昆明冶金高等专科学校	测绘地理信息技术
		陕西铁路工程职业技术学院	工程测量技术
		兰州资源环境职业技术学院	矿山测量
		新疆交通职业技术学院	工程测量技术
生产性实训基地	10	北京工业职业技术学院	大疆无人机测绘生产性实训基地
		河北女子职业技术学院	摄影测量与遥感技术专业生产实践中心
		哈尔滨铁道职业技术学院	西区测量综合实训基地
		河南工业职业技术学院	测绘与空间信息生产性实训基地
		黄河水利职业技术学院	测绘地理信息技术工程中心生产性实训基地
		湖北城市建设职业技术学院	工程测量生产性实训基地
		武汉城市职业学院	工程测量技术生产性实训基地

续表 3-11

认定类型	数量	院校名称	项目名称
生产性实训基地	10	昆明冶金高等专科学校	测绘地理信息生产性实训基地
		西安航空职业技术学院	摄影测量与遥感生产性实训基地
		甘肃建筑职业技术学院	测绘地理信息生产性实训基地
协同创新中心	2	扬州市职业大学	地理信息采集加工及应用协同创新中心
		安徽国防科技职业学院	高分辨率对地观测系统数据应用技术协同创新中心
“双师型”教师培养培训基地	1	北京工业职业技术学院	建筑测绘类、机电类“双师型”教师培养培训基地

三、现代学徒制试点建设情况

现代学徒制有利于促进行业、企业参与职业教育人才培养全过程,实现专业设置与产业需求对接,课程内容与职业标准对接,教学过程与生产过程对接,毕业证书与职业资格证书对接,职业教育与终身学习对接,提高人才培养质量和针对性。建立现代学徒制是职业教育主动服务当前经济社会发展要求,推动职业教育体系和劳动就业体系互动发展,打通和拓宽技术技能人才培养和成长通道,推进现代职业教育体系建设的战略选择;是深化产教融合、校企合作,推进工学结合、知行合一的有效途径;是全面实施素质教育,把提高职业技能和培养职业精神高度融合,培养学生社会责任感、创新精神、实践能力的重要举措。

2014 年,教育部启动现代学徒制试点工作,于 2015 年、2017 年和 2018 年,先后立项了 3 批共 310 所高职院校作为国家现代学徒制试点。根据教育部现代学徒制试点工作管理平台数据,共有 18 所高职院校开展了测绘地理信息类专业现代学徒制试点探索,涵盖 4 个测绘地理信息类专业。其中,工程测量技术专业试点 14 个,摄影测量与遥感技术专业试点 4 个,测绘工程技术专业试点 1 个,国土测绘与规划专业试点 1 个。试点院校区域分布为:河南、云南各 4 所,广东 2 所,山西、江西、甘肃、黑龙江、湖北、陕西、重庆、北京各 1 所,见表 3-12。

四、“双高计划”实施情况

2019 年,教育部启动中国特色高水平高职学校和专业建设计划,简称“双高计划”,旨在集中力量建设一批引领改革、支撑发展、中国特色、世界水平的高职学校和专业群,带动职业教育持续深化改革,强化内涵建设,实现高质量发展。全国共有 4 所院校的测绘地理信息类专业作为核心专业列入“双高计划”专业群建设,见表 3-13。

表 3-12 测绘地理信息类专业现代学徒制试点统计

批次	院校数量	院校名称	试点专业
第一批	2	云南国土资源职业学院	测绘工程技术、摄影测量与遥感技术、国土测绘与规划
		河南工业职业技术学院	工程测量技术
第二批	8	北京工业职业技术学院	工程测量技术
		黄河水利职业技术学院	工程测量技术
		云南能源职业技术学院	工程测量技术
		甘肃工业职业技术学院	工程测量技术
		黑龙江林业职业技术学院	摄影测量与遥感技术
		济源职业技术学院	工程测量技术
		武汉城市职业学院	工程测量技术
		西安航空职业技术学院	摄影测量与遥感技术
第三批	8	广东工贸职业技术学院	工程测量技术
		广东水利电力职业技术学院	工程测量技术
		山西水利职业技术学院	摄影测量与遥感技术
		江西水利职业学院	工程测量技术
		河南水利与环境职业学院	工程测量技术
		重庆水利电力职业技术学院	工程测量技术
		云南城市建设职业学院	工程测量技术
		云南农业职业技术学院	工程测量技术

表 3-13 "双高计划"测绘地理信息类专业群建设单位统计

序号	院校名称	专业群	建设类型
1	黄河水利职业技术学院	测绘地理信息技术	高水平学校建设单位(A 档)
2	北京工业职业技术学院	工程测量技术	高水平学校建设单位(B 档)
3	昆明冶金高等专科学校	测绘工程技术	高水平学校建设单位(C 档)
4	广东工贸职业技术学院	测绘地理信息技术	高水平专业群建设单位(C 档)

第三节 测绘地理信息高职教育教学标准及资源建设情况

一、测绘地理信息类专业高职教学标准建设

(一)专业教学标准

高职高专测绘类专业教学指导委员会于2008年启动测绘类专业教学规范的研制工作。2010年制定了高职高专教育测绘地理信息类专业规范,分别是:工程测量技术专业规范、测绘与地理信息技术专业规范、地籍测绘与土地管理信息技术专业规范、地理信息系统与地图制图技术专业规范、工程测量与监理专业规范、矿山测量专业规范、摄影测量与遥感技术专业规范。专业规范从专业面向的职业领域和岗位(群)分析、专业人才培养目标与规格、专业职业能力体系和教育教学内容、教学实施的指导性方案、专业办学基本条件、教学管理与质量保障、专业特色、主干专业课程教学标准等多个方面首次做了较为全面、详细的规定,并在全国测绘地理信息职业教育教学指导委员会会议上交流推广。

在专业规范研制成果的基础上,高职高专测绘类专业教学指导委员会于2010年组织开展高等职业教育测绘地理信息类专业教学基本要求的研制工作,制定了7个办学点较多的高职专业教学基本要求,编入《高等职业学校专业教学标准(试行)资源开发与测绘大类》(中央广播电视大学出版社),2012年12月由教育部首次发行。7个专业教学标准分别是:工程测量技术专业教学标准、工程测量与监理专业教学标准、摄影测量与遥感技术专业教学标准、地理信息系统与地图制图技术专业教学标准、地籍测绘与土地管理信息技术专业教学标准、矿山测量专业教学标准、测绘与地理信息技术专业教学标准。各专业的教学标准明确了专业名称、专业代码、招生对象、学制与学历、就业面向、培养目标与规格、职业证书、课程体系与核心课程(教学内容)、专业办学基本条件和教学建议、继续专业学习深造建议等内容。

结合测绘地理信息行业发展对技术技能人才的需求变化,以及2015年新一轮的专业目录调整更新,2017年再次开展了专业教学标准的制(修)订工作。工程测量技术、测绘工程技术、测绘地理信息技术、地籍测绘与土地管理等4个专业列入第一批制(修)订计划,2018年底完成专业教学标准的制(修)订工作,2019年由教育部颁布执行;摄影测量与遥感技术、矿山测量、国土测绘与规划等3个专业列入第二批制(修)订计划,于2018年启动研制工作。

(二)顶岗实习标准

顶岗实习是高职院校测绘地理信息类专业学生职业能力形成的关键教学环节,是深化"校企合作,工学结合"人才培养模式改革、强化学生职业道德和职业素质教育的途经和方法。

2016年,教育部颁布了6个测绘地理信息类专业高职教育顶岗实习标准:《高等职业学校工程测量技术专业顶岗实习标准》《高等职业学校摄影测量与遥感技术专业顶岗实习标准》《高等职业学校测绘工程技术专业顶岗实习标准》《高等职业学校测绘地理信息技术专业顶岗实习标准》《高等职业学校工程测量与监理专业顶岗实习标准》《高等职业

学校矿山测量专业顶岗实习标准》,并由高等教育出版社出版发行。顶岗实习标准从适用范围、实习目标、时间安排、实习条件、实习内容、实习成果、考核评价、实习管理等八个方面做了规定,着重强调不同专业顶岗实习的企业与设施条件要求、实习岗位内容、实习的项目、核心职业能力、各实习岗位的学时分配、教学要求、实习评价和管理等内容,进行详细阐述。顶岗实习标准的颁布,对进一步规范高等职业院校顶岗实习工作,提高顶岗实习质量起到了促进作用。

(三)中高职衔接教学标准

中高职衔接是推动中等和高等职业教育协调发展、系统培养适应经济社会发展需要的高端技能型人才的关键。工程测量技术是测绘地理信息类专业中办学点最多、在校生规模最大的专业。2016 年开展了工程测量技术中高职衔接专业教学标准研制工作,2017 年完成并由教育部验收通过,但没有在全国公开发布。

(四)专业实训教学条件建设标准

以专业教学标准为依据,制定专业实训教学条件建设标准,指导院校实训装备配置,规范实训教学条件建设。目前正在研制《工程测量技术专业实训教学条件建设标准》。

二、测绘地理信息类专业高职教学资源建设

(一)专业教学资源库建设

为进一步深化高职教育教学改革,加强专业与课程建设,推动优质教学资源共建共享,提高人才培养质量,教育部于 2010 年启动高等职业教育专业教学资源库建设项目。2011 年,"工程测量技术专业教学资源库"作为第一批国家级职业教育专业教学资源库项目立项,该资源库项目由北京工业职业技术学院主持,联合昆明冶金高等专科学校、黄河水利职业技术学院、东华理工大学高等职业技术学院等 32 所职业院校,以及中国测绘学会、北京测绘学会、中国测绘科学研究院、国家测绘工程技术研究中心等 25 家行业企业共同建设。该资源库开发了路桥测量、工程测量、地形测量等 11 门专业示范课程,水平角测绘法、线路纵断面测量、建筑物的定位与放样等 58 个微课,四等水准测量、DLG 生成与编辑、地形图测绘等 37 个技能模块,变形监测—水平位移观测、变形监测—高层建筑变形观测等 20 646 个精品素材,井下水准测量、一井定向虚拟实训、曲线巷道中线标定等 7 个虚拟仿真项目。

2019 年,"测绘地理信息技术专业教学资源库"再获国家级职业教育专业教学资源库项目立项,该资源库项目由黄河水利职业技术学院主持,联合昆明冶金高等专科学校和江西应用技术职业学院等 21 所国内高职院校和国家重点中专郑州测绘学校,美国西北密歇根学院、加拿大弗莱明学院 2 所国外知名高校,北京超图软件股份有限公司和武汉航天远景科技有限公司等 18 家行业知名企业和 2 家出版社共同建设。资源库围绕"一库一馆一平台"即"教学资源库+地理信息体验馆+校企共建共享平台"进行建设,地理信息资源库建设内容分专业层、课程层、特色层和资源素材层四个层面,设计有 24 个子项目,建设有 12 个素材的资源素材中心、10 门标准化专业课程、10 门个性化课程和 379 个微课,建设 2 个技能训练平台、2 个专业培训包、1 个虚拟仿真实训中心、1 个地理信息体验馆和 1 个校企共建共享平台,搭建具备信息化教学管理和分析、智慧课堂、智慧考场、创新创业教育、

校企合作交流功能的资源库运行平台。

2 个国家级专业教学资源库的建设和推广使用，对实现测绘地理信息职业教育优质教学资源共享、推动测绘地理信息职业教育教学改革、全面提升测绘地理信息职业教育人才培养质量、助力创新创业、增强社会服务能力具有十分重要的现实意义。资源库网址为：https://www.icve.com.cn/portal_new/project/project.html。

（二）课程教学资源建设

1.精品课程

2003 年，教育部启动精品课程建设。2003～2010 年期间，教育部共立项建设高职高专国家精品课程 1 043 门，其中测绘地理信息类课程有 14 门，见表 3-14。根据国家精品课程资源网统计，截至 2012 年 1 月，我国高等学校已经建成各类精品课程 14 446 门，其中国家级 2 582 门、省级 5 648 门、校级 6 000 门。这些精品课程的建设对提高教学质量起到了促进作用，对同类院校教学起到了一定的示范作用。

表 3-14　测绘地理信息类高职专业国家精品课程统计

序号	院校名称	课程名称	课程负责人	立项时间
1	黄河水利职业技术学院	GPS 测量定位技术	周建郑	2005 年
2	浙江交通职业技术学院	测量技术	金仲秋	2006 年
3	昆明冶金高等专科学校	控制测量学	赵文亮	2006 年
4	淮海工学院	GPS 定位与导航	周　立	2006 年
5	重庆工程职业技术学院	GPS 测量技术	李天和	2007 年
6	黄河水利职业技术学院	工程测量	李聚方	2008 年
7	石家庄铁路职业技术学院	道路线路施工测量	李孟山	2008 年
8	湖北水利水电职业技术学院	地形测量	王金玲	2009 年
9	广西建设职业技术学院	建筑工程测量	李向民	2009 年
10	北京工业职业技术学院	矿山测量	薄志毅	2010 年
11	湖南交通职业技术学院	测量技术	唐杰军	2010 年
12	昆明冶金高等专科学校	地理信息系统技术应用	张东明	2010 年
13	浙江水利水电学院	数字测图技术	赵红	2010 年
14	鄂州职业大学	建筑工程测量技术	杨国根	2010 年

精品课程建设虽然成效明显，但存在着很多现实问题。如精品课程的展示网站五花八门，获知渠道单一，使用频率不高，参与度较低，资源更新慢，可移植性差，缺乏统一规划和管理，缺少统一的资源共享平台等，应用效果并不理想。

2.精品资源共享课程

2012 年，在原国家精品课程建设成果的基础上，教育部启动国家精品资源共享课程建设项目，在“十二五”期间支持建设 5 000 门国家级精品资源共享课。精品资源共享课是精品课程的升级版本，主要是加强课程资源的共享性、交互性和实用性，使更多的学习者真正受益。

根据教育部公布的国家级精品资源共享课程名单，高职高专课程共有 759 门，其中，测绘地理信息类高职课程有 12 门，见表 3-15。12 门课程均在中国大学"爱课程"网站上免费开放共享，网址为：http://www.icourses.cn/home/。

表 3-15　测绘地理信息类专业国家精品资源共享课程统计

序号	院校名称	课程名称	课程负责人
1	北京工业职业技术学院	矿山测量	李长青
2	石家庄铁路职业技术学院	道路线路施工测量	李孟山
3	浙江交通职业技术学院	测量技术	金仲秋
4	鄂州职业大学	建筑工程测量技术	杨国根
5	湖北水利水电职业技术学院	地形测量	王金玲
6	湖南交通职业技术学院	测量技术	唐杰军
7	广西建设职业技术学院	建筑工程测量	李向民
8	重庆工程职业技术学院	GPS 测量技术	李天和
9	昆明冶金高等专科学校	地理信息系统技术应用	张东明
10	浙江水利水电学院	数字测图技术	赵红
11	黄河水利职业技术学院	工程测量	李聚方
12	黄河水利职业技术学院	GPS 测量定位技术	周建郑

3.在线开放课程

近年来，大规模在线开放课程（"慕课"）等新型线上课程和学习平台在世界范围迅速兴起，拓展了教学时空，增强了教学吸引力，激发了学习者的学习积极性和自主性，扩大了优质教育资源受益面，正在促进教学内容、方法、模式和教学管理体制机制发生变革，给教育教学改革发展带来新的机遇和挑战。2015 年，教育部出台了《关于加强高等学校在线开放课程建设应用与管理的意见》，拟建设一批以大规模在线开放课程为代表、课程应用与教学服务相融通的优质在线开放课程，到 2020 年，认定 3 000 余门国家精品在线开放课程。鼓励高校结合本校人才培养目标和需求，通过在线学习、在线学习与课堂教学相结合等多种方式应用在线开放课程，不断创新校内、校际课程共享与应用模式；探索课程拓展资源与个性化学习服务的市场化运营方式，开展在线学习、在线学习与课堂教学相结合等多种方式的学分认定、学分转换和学习过程认定。

目前，在线开放课程的上线平台有爱课程（中国大学 MOOC）、智慧职教 MOOC 学院、学堂在线、智慧树、好大学在线等，以爱课程（中国大学 MOOC）、智慧职教 MOOC 学院居多。截至 2020 年 2 月 1 日，各院校在"中国大学 MOOC"网站平台共上线 9 门测绘地理信息类专业高职在线开放课程，见表 3-16，网址为：https://www.icourse163.org/。在"智慧职教 MOOC 学院"网站平台共上线 18 门测绘地理信息类专业高职在线开放课程，见表 3-17，网址为：https://mooc.icve.com.cn/。

根据教育部公布的国家精品在线开放课程名单，高职高专课程 2017 年有 22 门，2018 年有 111 门，共 133 门。目前，还没有测绘地理信息类课程入选。

表 3-16　中国大学 MOOC 平台的测绘地理信息类在线开放课程

序号	院校名称	课程名称	课程负责人	首次开课时间
1	黄河水利职业技术学院	地理信息系统应用	李建辉	2016 年 11 月
2	黄河水利职业技术学院	控制测量	郭玉珍	2018 年 10 月
3	常州工程职业技术学院	建筑工程测量	程和平	2019 年 7 月
4	金肯职业技术学院	土木工程测量	胡颖	2019 年 9 月
5	郑州航空工业管理学院	土木工程测量	孙庆珍	2018 年 11 月
6	山东职业学院	工程测量	郑恒	2019 年 2 月
7	南通职业大学	现代土木工程测量	陈向阳	2019 年 10 月
8	咸阳职业技术学院	工程测量技术	林凯	2019 年 12 月
9	昆明冶金高等专科学校	数字测图	吕翠华	2019 年 4 月

表 3-17　智慧职教 MOOC 学院平台的测绘地理信息类在线开放课程

序号	院校名称	课程名称	课程负责人	首次开课时间
1	昆明冶金高等专科学校	数字测图—实务	吕翠华	2018 年 12 月
2	昆明冶金高等专科学校	数字测图—理论	吕翠华	2019 年 3 月
3	昆明冶金高等专科学校	空间数据库技术应用	马娟	2018 年 12 月
4	昆明冶金高等专科学校	可编程计算器测绘计算	张伟红	2018 年 12 月
5	陕西铁路工程职业技术学院	工程测量基础	张福荣	2018 年 6 月
6	石家庄铁路职业技术学院	测量基本技能	李笑娜	2018 年 11 月
7	四川水利职业技术学院	控制测量	李开伟	2018 年 10 月
8	河北交通职业技术学院	工程测量	吴聚巧	2018 年 5 月
9	河北能源职业技术学院	生产矿井测量	刘少春	2018 年 10 月
10	唐山职业技术学院	园林工程测量	张英	2019 年 10 月
11	长沙环境保护职业技术学院	环境工程测量	郭荣中	2019 年 10 月
12	黑龙江职业学院	工程测量	景铎	2019 年 12 月
13	山东水利职业学院	地理信息系统技术应用	李玉芝	2019 年 11 月
14	湖南工程职业技术学院	MAPGIS 地理信息系统	袁淑君	2019 年 8 月
15	湖北国土资源职业学院	不动产权籍调查	梁春艳	2019 年 12 月
16	湖北国土资源职业学院	土地整治规划设计	杨德全	2019 年 12 月
17	湖南工程职业技术学院	测绘 CAD	杨英	2020 年 2 月
18	秦皇岛职业技术学院	测绘工程 CAD	蔡宗慧	2020 年 2 月

(三)企业生产实际教学案例库开发

“工程测量技术专业企业生产实际教学案例库”是2015年教育部立项,2016年完成的项目,由河南工业职业技术学院主持,与江西应用技术职业学院、重庆工程职业技术学院、山东水利职业学院、陕西铁路工程职业技术学院等17所高职院校共同建设,建立了覆盖地质工程测量、城市建设工程测量、矿山工程测量、水利水电工程测量、交通工程测量五个方面的工程测量技术领域的企业生产案例库。地质工程测量子库包括6个实际生产案例,其中教学子案例15个;城市建设工程测量子库包括6个实际生产案例,其中教学子案例21个;矿山工程测量子库包括4个实际生产案例,其中教学子案例4个;水利水电工程测量子库包括4个实际生产案例,其中教学子案例11个;交通工程测量子库包括5个实际生产案例,其中教学子案例12个;项目共完成实际生产案例25个,子案例63个,教学案例转换63个。网址为:http://anli.chinazy.org/index.fo? method=indexgz&typeno=00005504&order=0&sontab=000055040005&type=1。

(四)教材建设

测绘地理信息类专业高职教材丰富,测绘出版社、黄河水利出版社、武汉大学出版社、武汉理工大学出版社、中国电力出版社、中国水利水电出版社等多个出版社均先后出版了各种系列的测绘地理信息类高职规划教材、工学结合教材和推荐教材。根据教育部2014年和2015年先后公布的两批“十二五”职业教育国家规划教材书目,共有42种测绘地理信息类高职教材列入“十二五”职业教育国家规划教材。其中,工程测量类教材最多,有28种,占比67%;其他测绘地理信息类教材有14种,占比33%,见表3-18。工程测量类教材中,综合性工程测量教材9种,面向建筑行业的工程测量教材11种,矿山测量教材3种,面向土木、市政、交通、水利、园林行业的工程测量教材各1种。2019年,教育部启动了“十三五”国家规划教材的立项申报工作。

表3-18 “十二五”职业教育国家规划教材统计

序号	教材名称	第一主编	第一主编单位	出版社
1	建筑施工测量	林长进	福建漳州职业技术学院	北京出版社
2	工程测量(第二版)	李聚方	黄河水利职业技术学院	测绘出版社
3	工程测量技能实训指导书(第二版)	李聚方	黄河水利职业技术学院	测绘出版社
4	GNSS定位测量(第二版)	周建郑	黄河水利职业技术学院	测绘出版社
5	GNSS定位测量技能实训指导书(第二版)	周建郑	黄河水利职业技术学院	测绘出版社
6	VB语言与测量程序设计	吕翠华	昆明冶金高等专科学校	测绘出版社
7	测绘专业英语(第二版)	曲建光	黑龙江工程学院	测绘出版社
8	测量误差与数据处理DG4(第二版)	陈传胜	江西应用技术职业学院	测绘出版社
9	管线探测(第二版)	高绍伟	北京工业职业技术学院	测绘出版社

续表 3-18

序号	教材名称	第一主编	第一主编单位	出版社
10	工程测量(第 3 版)	谢远光	重庆交通大学应用技术学院	重庆大学出版社
11	地籍调查与测量	邓军	重庆工程职业技术学院	重庆大学出版社
12	数字测图	冯大福	重庆工程职业技术学院	重庆大学出版社
13	矿山测量	朱红侠	重庆工程职业技术学院	重庆大学出版社
14	建筑工程测量(第二版)	李社生	甘肃建筑职业技术学院	大连理工大学出版社
15	建筑工程测量(第一版)	伏开剑	江苏省赣榆中等专业学校	凤凰出版传媒集团职业教育出版中心
16	土木工程测量	陈正耀	辽宁城市建设职业技术学院	高等教育出版社
17	建筑工程测量(第二版)	李仲	山西工程职业技术学院	高等教育出版社
18	建筑工程施工测量	张迪	杨凌职业技术学院	高等教育出版社
19	建筑施工测量(五年制)	林清辉	台州职业技术学院	高等教育出版社
20	建筑工程测量(附实训指导书)(第三版)	周建郑	黄河水利职业技术学院	化学工业出版社
21	建筑工程测量	黄国斌	江苏建筑职业技术学院	科学出版社
22	工程测量(第 2 版)	宁永香	太原理工大学阳泉学院	煤炭工业出版社
23	工程测量(第四版)	李仕东	鲁东大学	人民交通出版社
24	工程测量(第二版)	金仲秋	浙江交通职业技术学院	人民交通出版社
25	建筑工程测量	陈兰云	金华职业技术学院	人民交通出版社
26	建筑工程测量(第三版)	王晓峰	邢台职业技术学院	中国电力出版社
27	工程测量(第二版)	赵雪云	山西建筑职业技术学院	中国电力出版社
28	市政工程测量(第二版)	王云江	浙江建设职业技术学院	中国建筑工业出版社
29	工程测量(第二版)	王金玲	湖北水利水电职业技术学院	中国水利水电出版社
30	水利工程测量(第二版)	赵红	浙江水利水电学院	中国水利水电出版社
31	工程测量(第二版)	尹辉增	石家庄铁路职业技术学院	中国铁道出版社
32	城市轨道交通工程施工测量(第二版)	杜晓波	哈尔滨铁道职业技术学院	中国铁道出版社
33	测绘 CAD(第 2 版)	孔令惠	黄河水利职业技术学院	武汉理工大学出版社
34	矿山测量	李长青	北京工业职业技术学院	测绘出版社
35	矿山测量(学生手册)	李长青	北京工业职业技术学院	测绘出版社
36	测量技术	陈传胜	江西应用技术职业学院	地质出版社
37	控制测量	张慧慧	辽宁省交通高等专科学校	东北大学出版社

续表 3-18

序号	教材名称	第一主编	第一主编单位	出版社
38	园林测量技术	郑金兴	福建林业职业技术学院	高等教育出版社
39	建筑施工测量	王政	威海职业学院	教育科学出版社
40	测绘基础	赵文亮	昆明冶金高等专科学校	测绘出版社
41	房地产测绘(第3版)	郭玉社	山西大同大学	机械工业出版社
42	地图学	韩阳	东北师范大学	东北师范大学出版社

第四节　测绘地理信息高职院校教学情况分析

一、测绘地理信息高职院校教学现状调查

(一)调研院校基本情况

1.院校分布

笔者在全国范围内的31个省(自治区、直辖市)(除港、澳、台外)开展了广泛、深入的调研,调研区域全面,涉及院校众多,调研结果具有代表性和典型性。此次调研共选择了50所开设测绘地理信息类专业或者开设有工程测量课程的职业院校,包括办学时间、规模、公立和私立等类型各异的院校,分别对院校的教育教学情况、专业学生的学习及工作应用进行了全面调研。

在调研的高职院校中,从院校性质上看:公办院校43所、占86%,民办院校7所、占14%,见图3-5;从院校属性分布看:国家示范院校13所、占26%,国家骨干院校6所、占12%,地方示范院校18所、占36%,地方骨干院校4所、占8%,其他9所、占18%,见图3-6。院校区域分布为:东北地区5所、华北地区10所、华东地区8所、华中地区5所、华南地区4所、西南地区11所、西北地区7所,分布基本均衡。总体上,国家示范院校和骨干院校占38%,比重较大,这些院校教学条件优越、办学历史悠久,对专业及行业情况把握准确。

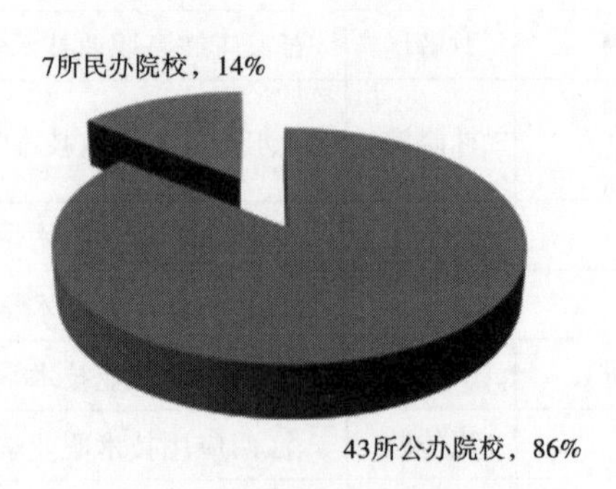

图3-5　调研的院校性质分布

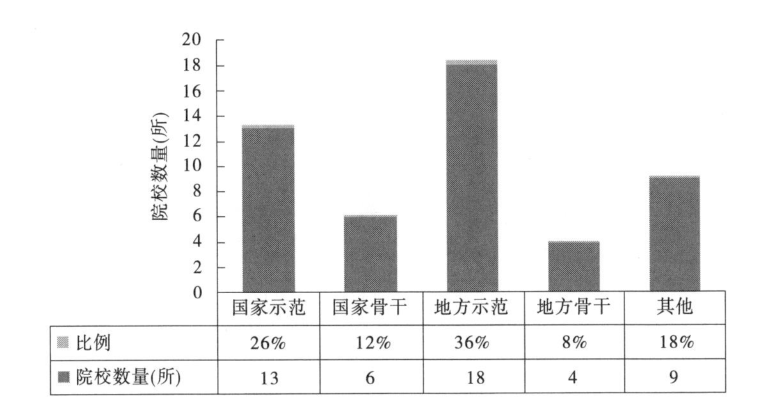

图 3-6　调研的院校属性分布

2.办学历史

调研院校中,测绘地理信息类专业办学时间 50 年以上的有 4 所院校,10～50 年的有 27 所,合计占调研院校的 54%,办学历史悠久,专业积淀深厚。专业办学 10 年之内的有 19 所,占调研院校的 38%。整体呈现出测绘地理信息行业发展形势好、就业前景广阔的情况,如图 3-7 所示。

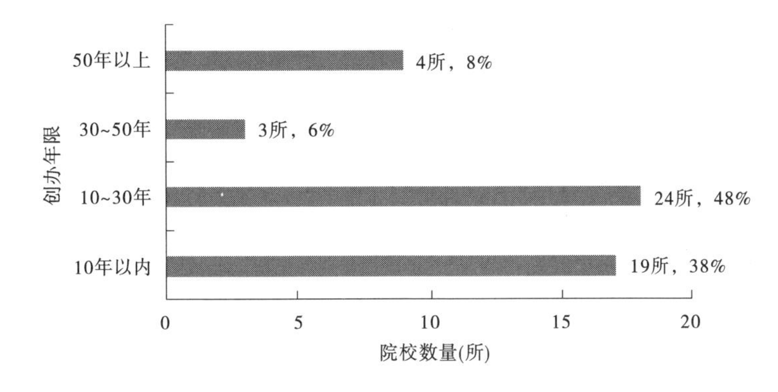

图 3-7　调研院校测绘地理信息专业办学时间统计

3.在校生规模

在调研院校中,30%的院校 2018 年在校生人数不足 5 000 人;40%的院校 2018 年在校生规模在 5 000～10 000 人,占了调研院校的主体;28%的院校 2018 年在校生规模达 10 000～20 000 人;突破 20 000 人的院校仅有 1 所(见图 3-8)。

(二)办学条件

1.专业师资

1)师资规模

调研数据显示,6%的院校专任教师总人数不足 5 人;64%的院校专任教师总人数在 5～15人,占调研院校的主体;14%的院校专任教师总人数在 15～30 人;总人数 30 人以上的有 8 所院校,占院校比例的 16%,原因跟各院校的专业设置数量及招生规模有直接关系(见图 3-9)。

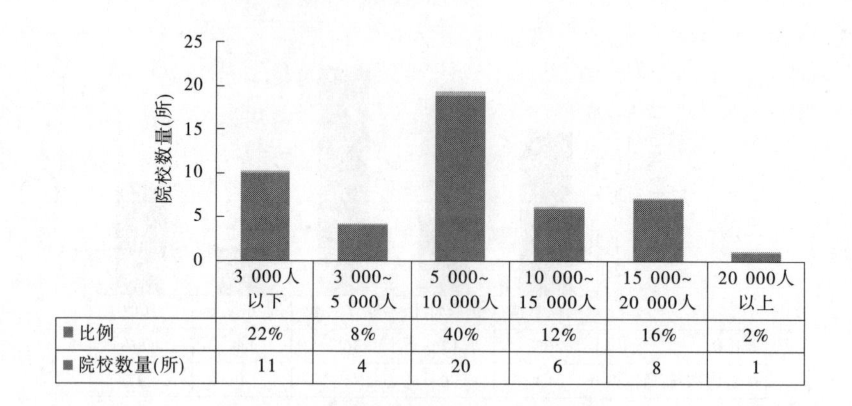

图 3-8　调研院校在校生规模统计

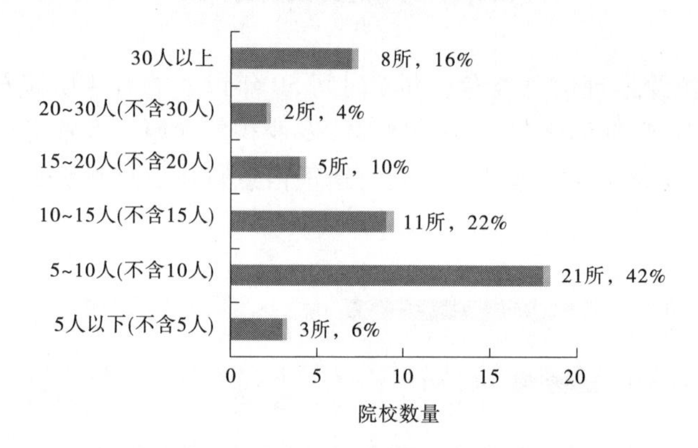

图 3-9　师资规模统计

2）职称结构

调研院校中，专任教师职称按高级、中级、初级统计分别为 24%、57%、19%，可以看出中级职称教师数量居多，高级职称教师其次，整体职称结构分布合理，专业理论和实践教育教学水平都较高，如图 3-10 所示。

3）学历结构

专任教师的学历按博士、硕士、本科、本科以下统计结果分别是 6%、79%、14%、1%，硕士研究生学历占总人数的 79%，成为高职院校教师的主要学历人群；其次是本科学历，占到 14%，是高职院校学科发展和科学研究的主体力量，说明整体师资学术水平较高，符合高职办学要求，如图 3-11所示。

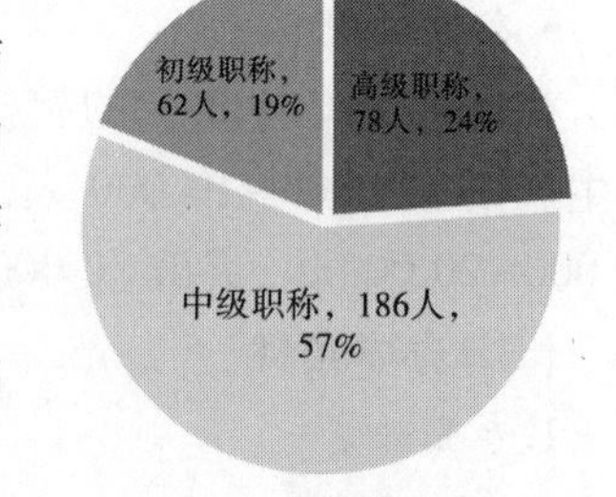

图 3-10　师资职称结构

4）师资培训

从师资培训来看，专任教师每年参加相关学术交流培训的次数主要集中在 2~3 次，占 54.7%；3 次以上的比例也高达 20.8%，说明绝大多数老师每年都能得到外出学习机会，学术能力和专业知识水平不断得到提升，见表 3-19。

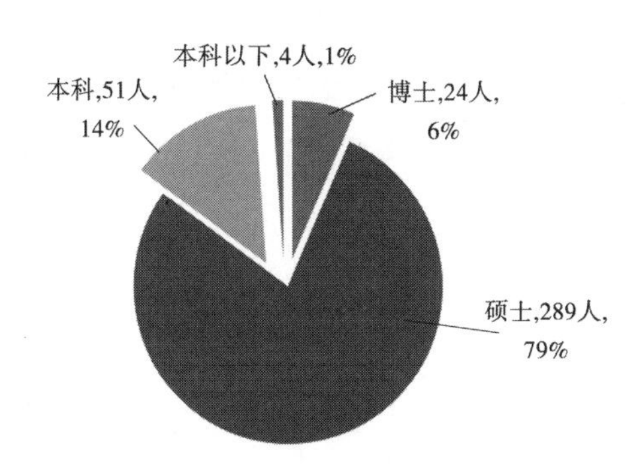

图 3-11　师资学历结构

表 3-19　专任教师每年参加相关学术交流培训的次数统计

参加相关学术交流培训的次数	数量	比重
1 次	9	17.0%
2~3 次	29	54.7%
3 次以上	11	20.8%
其他	4	7.5%

5) 实践锻炼

专任教师下企业实践锻炼时间有 1 个月、2~3 个月、3 个月以上等形式,三种形式所占比重较为均衡,说明专任教师的技术技能与生产结合比较紧密,有较为丰富的企业生产经历,具备双师型素质,符合高职教育师资的要求(见表 3-20)。

表 3-20　专任教师下企业实践锻炼时间分析

教师下企业锻炼时间	数量	比重
1 个月	13	27.1%
2~3 个月	16	33.3%
3 个月以上	13	27.1%
其他	6	12.5%

2.实习实训条件

1) 仪器设备配置情况

高职院校测绘地理信息类专业设备总值在 100 万~500 万元的院校有 26 所,占调研比例的 52%;设备总值在 500 万~2 000 万元的院校有 14 所,占调研比例的 28%。特别有 5 所院校设备总值高达 2 000 万元以上,精良的设备为师生的实践教学提供了良好的基础条件,这与高职院校的职业化发展道路是完全一致的,如图 3-12 所示。

测绘类专业均购置有常规水准仪、常规经纬仪、全站仪,33%的院校配置在 30 台套以上。GNSS 接收机、精密水准仪、精密经纬仪、数字摄影测量工作站等设备,90%的院校配

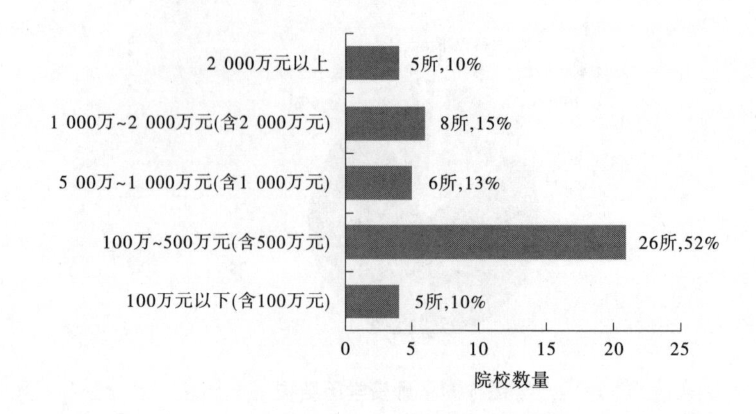

图 3-12　教学设备总价值结构

置在 30 台(套)以下。管线探测仪、测深仪、三维激光扫描仪、陀螺全站仪、无人机、无人测量船等设备都在 10 台(套)以下。院校实训设备的配置突显了人才培养的方向性,紧密结合行业发展需要(见表 3-21)。

表 3-21　高职院校工程测量技术专业设备情况

设备名称	院校数量(所)					
	10 台套以下	10~30 台(套)	30~50 台(套)	50~100 台(套)	100~200 台(套)	200 台套以上
常规水准仪	2	7	10	14	7	2
常规经纬仪		11	16	8	2	
精密水准仪	12	16	7	3		
精密经纬仪	12	12	2			
全站仪	1	8	7	19	4	1
GNSS 接收机	13	16	5	6	1	
管线探测仪	11		1			
测深仪	12					
三维激光扫描仪	10					
陀螺全站仪	9					
无人机	17		1			
无人测量船	5					
数字摄影测量工作站	9	4	4	2		

如图 3-13 所示,调研院校中,拥有常规水准仪、精密水准仪、常规经纬仪、精密经纬仪、全站仪及 GNSS 接收机的院校均达到 50%以上,特别是拥有常规水准仪、全站仪及 GNSS 接收机的院校高达 80%以上,成为高职院校测绘专业实践教学的主流仪器设备,这与测绘市场上使用频次最高的三类仪器是水准仪、全站仪和 GNSS 接收机是完全吻合的。

目前,摄影测量与遥感技术专业的发展如火如荼,特别是无人机航测技术的快速发展,使拥有无人机和数字摄影测量工作站的院校也达到了30%以上。由于三维激光扫描仪和陀螺全站仪价格昂贵,不属于常规测绘仪器的范畴,所以拥有的高职院校比例不足20%,并且这些高职院校主要是示范类或骨干类院校。对于无人测量船而言,由于应用范围偏窄,致使拥有比例不足10%,一般高职院校没把无人测量船作业纳入实训教学的内容。

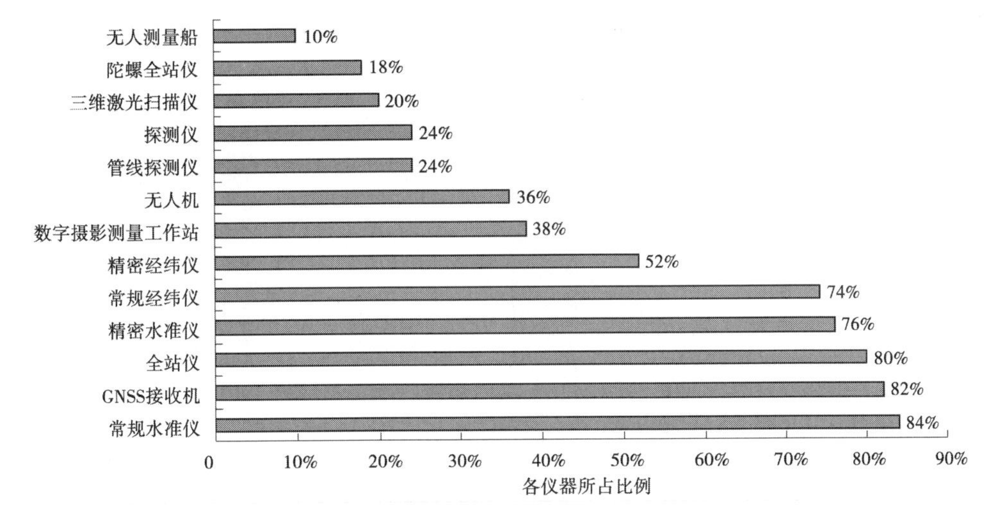

图3-13　调研院校拥有仪器设备所占比例

如果按10台(套)/班的测量仪器设备配置标准,在调研的50所高职院校中,拥有10台(套)以上水准仪、经纬仪、全站仪及GNSS接收机的院校均达到68%以上,特别是拥有10台(套)以上全站仪的高职院校占到98%,这与调研院校中建设有工程测量实训室的比例分布是一致的,如图3-14所示。

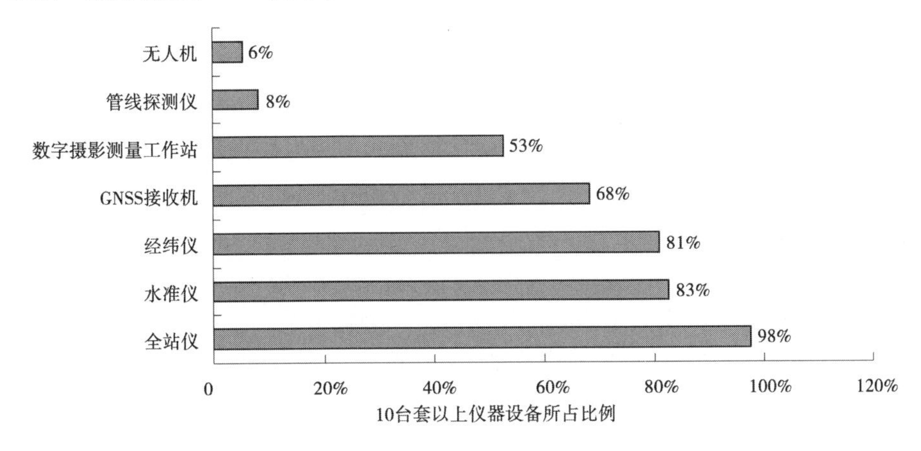

图3-14　调研院校拥有10台(套)以上仪器设备所占比例

调研院校中,不足10台(套)的仪器设备主要是测深仪、无人测量船、陀螺全站仪和三维激光扫描仪,其原因是前两者受应用范围所限,而后两者仪器价格又特别昂贵。如果按50人/班进行成班建制,并且人手一台数字摄影测量工作站建设摄影测量实训室,也就是说超过50台(套)数字摄影测量工作站的高职院校仅占11%。

2）软件配置情况

调研院校使用的摄影测量软件主要有 Inpho、VirtuoZo、Pix4D、航天远景，其中，应用航天远景或 VirtuoZo 软件的院校各占 41%，如图 3-15 所示；院校使用的 GIS 软件主要有 ArcGIS 和 MapGIS，其中，ArcGIS 软件占到 73%，如图 3-16 所示；不动产测绘专业软件主要有 walkisurvey、AutoCAD、南方房测软件，各约占 25%；遥感技术专业软件主要有 ENVI、ERDAS，各占 50%左右；数字测图专业软件主要有 CASS，可认为是测绘市场的主流绘图软件；其他相关专业软件还有平差易、科傻、Photoshop 等。

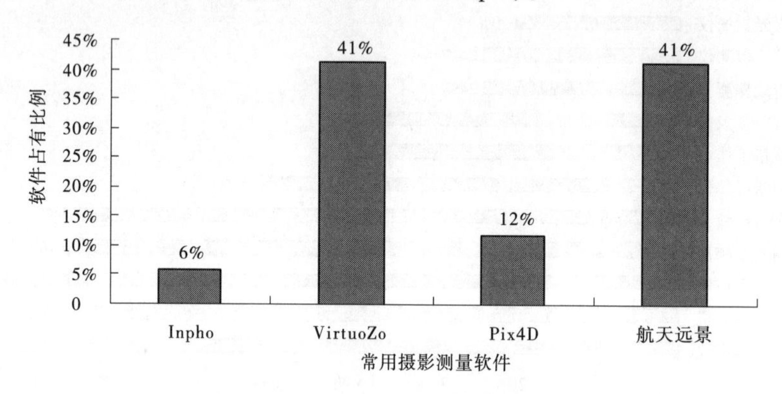

图 3-15　不同摄影测量软件应用统计

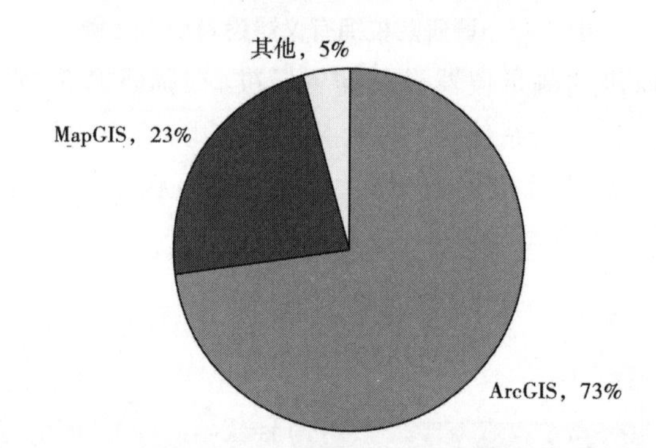

图 3-16　不同 GIS 软件应用统计

（三）教学基本情况

1.校企合作模式

高职院校的校企合作模式主要有学校承担企业测绘人员的继续教育任务、订单培养、企业在学校投资建立实训基地、学校办企业、学校聘请企业专家为实践指导老师、企业接收学生实习、企业长期稳定接收毕业生就业、校企联合培养培训、校企合作办班等形式，其中企业接收学生实习占到 90%、学校聘请企业专家为实践指导老师占到 72%、企业长期稳定接收毕业生就业占到 56%，为最常采用的三种校企合作形式，进一步分析发现采用校办企业方式的院校均为国家示范或国家骨干院校，具有优质的教育资源和良好的办学条件。见表 3-22 和图 3-17。

表 3-22　校企合作模式情况统计

校企合作模式	数量	比重
企业接收学生实习	45	90%
学校聘请企业专家为实践指导老师	36	72%
企业长期稳定接收毕业生就业	28	56%
校企联合培养培训	18	36%
学校承担企业测绘人员的继续教育任务	17	34%
企业在学校投资建立实训基地	17	34%
订单培养	13	26%
校企合作办班	10	20%
校办企业	6	12%
其他	0	0

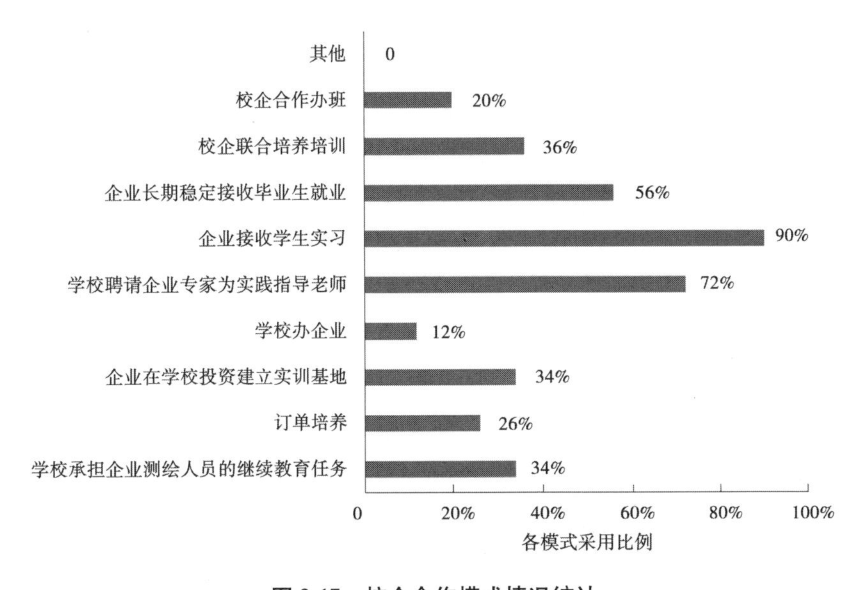

图 3-17　校企合作模式情况统计

综上所述，职业院校在校企合作时，较多采用企业能接收学生实习、学校聘请企业专家为实践指导教师、企业长期稳定接收毕业生就业这三种校企合作方式。对于资源优质、丰富的学校，也采用学校办企业的方式，这样让学校培养的人才更加适应生产实践的需求。

2.专业人才培养方案执行情况

经统计，专业人才培养方案修订周期以 1 学年为主，占 53.1%，见表 3-23，说明人才培养方案基本上是按照年度进行修订的，实时性较高，这与测绘技术的快速发展和人才需求的不断变化有着密切关系。而修订内容主要有课程结构比例、教学内容、实习实训等三项，总体上所占比重接近均衡，修订内容最多的是教学内容，其次是实训实验，见表 3-24。

这说明职业教育中教学内容和实习实训非常重要,要确保实时更新,与市场需求和社会发展同步。

表 3-23　专业人才培养方案执行情况分析

专业人才培养方案修订周期	数量	比重
1 学年	26	53.1%
2 学年	8	16.3%
3 学年	14	28.6%
其他	1	2%

表 3-24　专业人才培养方案修订内容分析

专业人才培养方案修订内容	数量	比重
教学内容	40	80%
实训实验	32	64%
课程结构比例	31	62%
其他	1	2%

3.顶岗实习情况

经统计,学生顶岗实习方式以统一安排与自主选择相结合为主,占 69.6%,见表 3-25,说明目前测绘地理信息类专业就业前景广阔,学生的顶岗实习情况良好,基本上通过学校统一安排和学生自主选择就可以解决实习问题。

表 3-25　学生顶岗实习方式情况

学生顶岗实习方式	数量	比重
统一安排与自主选择相结合	39	69.6%
学生自主选择	9	16.1%
学校统一安排	7	12.5%
其他	1	1.8%

从学生顶岗实习时长上分析看,主要以 6 个月为主,占 57.7%;其次是 12 个月,占 34. 6%,见表 3-26,说明目前高职院校学生顶岗实习时长一般以 0.5~1 学年为主。

表 3-26　学生顶岗实习时长情况分析

学生顶岗实习时长	数量	比重
6 个月	30	57.7%
12 个月	18	34.6%
18 个月	1	1.9%
其他	2	3.8%

4.实训周数安排

笔者着重调研了 28 所高职院校的专业实训周数安排，经统计，在三年的职业教育教学中，综合实习周数在 4～40 周。由图 3-18 可知，实习周数在 11～20 周的最多，占到 41%，其次是 5 周以下和 5～10 周，均占 22%。参考高职院校测绘地理信息类专业教学标准，实习总周数需安排在 15～20 周（不含顶岗实习），比较符合高素质技术技能人才培养的需求。

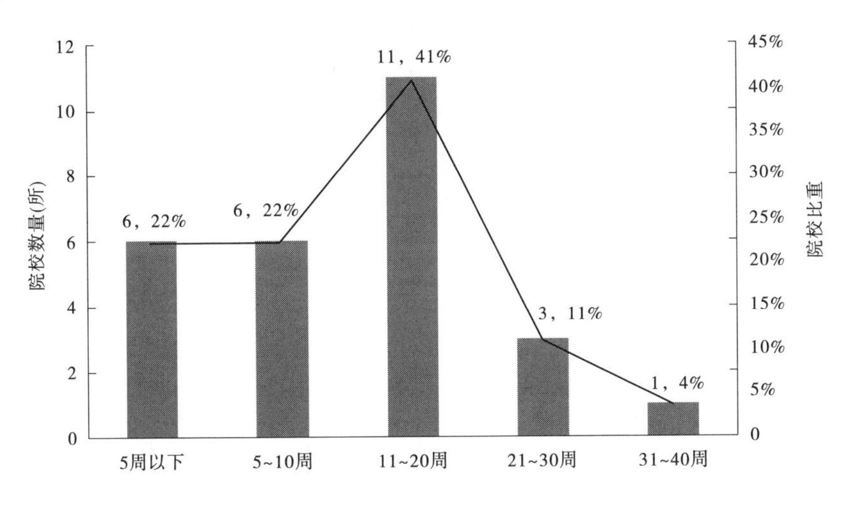

图 3-18　专业实习周数统计

5.“双创”方式

在当前“大众创业、万众创新”的大背景下，高校创新创业教育越来越受到重视。学生“双创”方式有创新创业大赛、职业生涯规划大赛、入住双创园与孵化园、参与教师的科研技术服务项目、自主创业等多种形式，其中以创新创业大赛、职业生涯规划大赛、参与教师的科研为主，兼有其他形式的多样化“双创”方式，如图 3-19 所示。

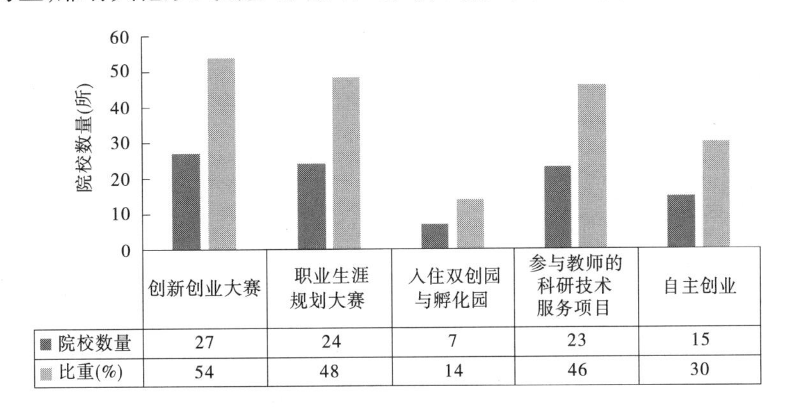

	创新创业大赛	职业生涯规划大赛	入住双创园与孵化园	参与教师的科研技术服务项目	自主创业
院校数量	27	24	7	23	15
比重(%)	54	48	14	46	30

图 3-19　学生“双创”方式

（四）招生就业情况

1.影响学生报考学校专业的相关因素

考生选择报考测绘地理信息类专业的因素有学校品牌、学校地理位置、专业就业优势、本人对专业的爱好、专业技能培训、他人推荐等，如图 3-20 所示。专业吸引考生的关键因素主要是就业优势、学校品牌、专业爱好。由此可见，加强专业宣传尤为重要。

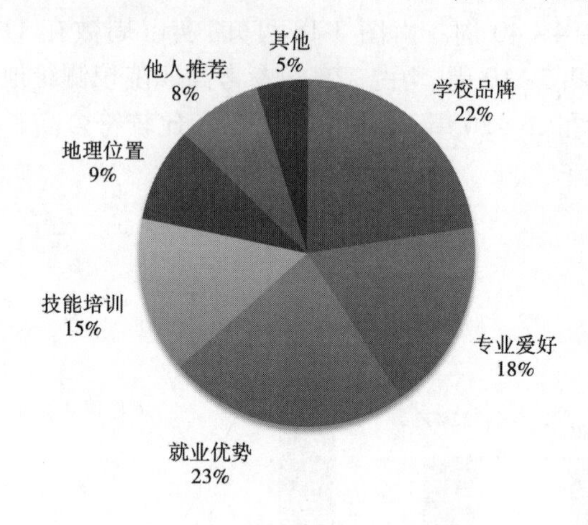

图 3-20　学生填报专业的因素

2.学校确定招生规模的相关因素

经统计，确定招生规模的相关因素有就业率、生源数量、师资力量、办学条件、行业发展趋势、学校发展需求及其他因素，各项因素所占权重较均衡，说明招生规模是由多种因素共同确定的结果。其中，又以行业发展趋势和师资力量所占比例较大，见表 3-27 和图 3-21。

表 3-27　确定招生规模的相关因素分析

确定招生规模的相关因素	数量	比例
行业发展趋势	37	74%
师资力量	31	62%
就业率	29	58%
生源数量	29	58%
办学条件	29	58%
学校发展需求	20	40%
其他	1	2%

3.招生规模扩大的主要因素

经统计分析，招生规模扩大的主要因素有行业认同度高、师资力量强、实训条件好、学校口碑好、招生宣传力度大、人才培养模式先进等因素，其中以行业认同度、师资力量、实训条件三个方面为最主要的因素，充分说明高职高专测绘地理信息类专业社会需求度高、职业教育强调技能操作以及科学发展、测绘先行的行业特点，见表 3-28 和图 3-22。

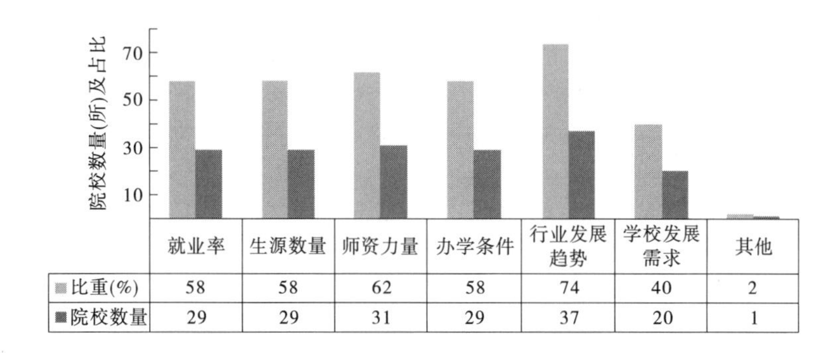

图 3-21　确定招生规模的相关因素

表 3-28　招生规模扩大的主要原因分析

招生规模扩大原因	数量	比重
行业认同度高	36	72%
实训条件好	31	62%
师资力量强	26	52%
学校口碑好	23	46%
人才培养模式先进	19	38%
招生宣传力度大	12	24%
其他	1	2%

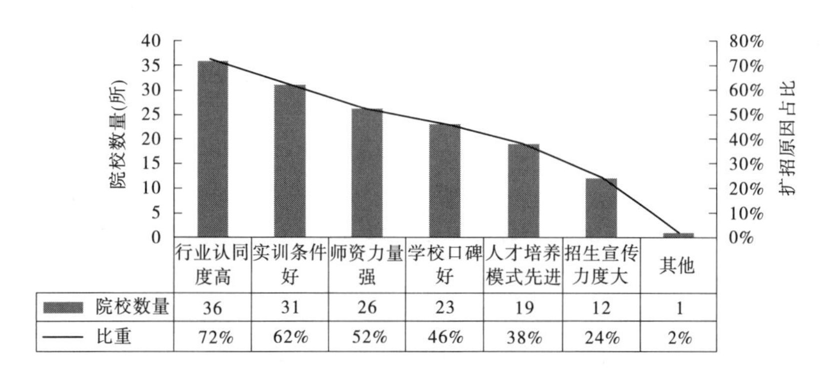

图 3-22　招生规模扩大的主要原因分析

4.招生规模下降的因素

根据统计分析，招生规模下降的影响因素有行业平均工资低、师资力量不够、实训条件有限、生源减少、人才培养模式落后、招生宣传不够、行业用人条件提高、学校办学方向调整等，其中，以实训条件有限（占 42%）、生源减少（占 40%）、招生宣传不够（占 26%）为排在前三位的因素。参考这三项因素，开办测绘地理信息类专业的各高校下一步可加大对实训条件的投入与改善、加大招生宣传力度，形成人人知测绘、大众懂测绘、学子爱测绘的良好氛围，见表 3-29 和图 3-23。

表 3-29　招生规模下降的原因分析

招生规模下降的原因	数量	比重
实训条件有限	21	42%
生源减少	20	40%
招生宣传不够	13	26%
师资力量不够	8	16%
行业平均工资低	7	14%
人才培养模式落后	3	6%
学校办学方向调整	3	6%
其他	2	4%
行业用人条件提高	1	2%

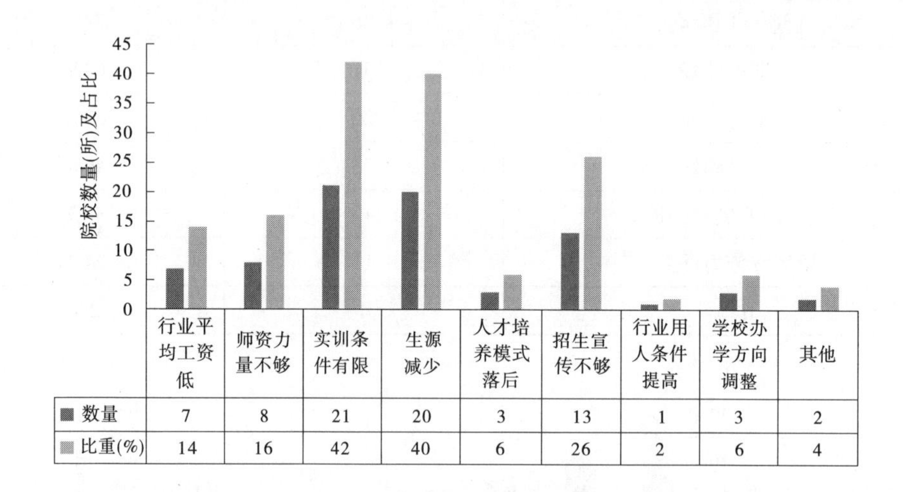

图 3-23　招生规模下降的影响因素分析

5.毕业生就业情况

表 3-30 和图 3-24 显示，毕业生就业对口率在 90%以上的院校最多，占 37.5%；其次是就业对口率在 80%～90%的院校，占 22.9%；而毕业生就业对口率在 50%以下的院校最少，占 6.3%。说明毕业生培养目标明确，岗位清晰。

表 3-30　毕业生就业对口率统计

就业对口率	学校数量	比重
50%以下	3	6.3%
50%～60%	3	6.3%
60%～70%	8	16.7%
70%～80%	5	10.4%
80%～90%	11	22.9%
90%以上	18	37.5%

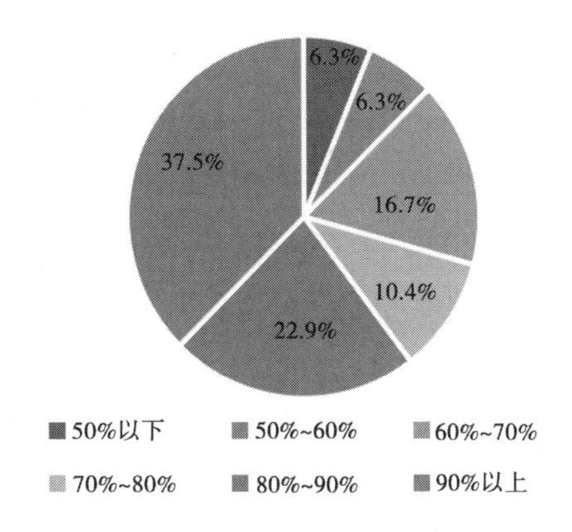

图 3-24　毕业生就业对口率统计

毕业生反映出的教学问题中以实践锻炼不够、老师生产经验不足为突出的前两种因素，分别占 44%和 38%，如图 3-25 所示，说明专任老师虽然有下企业锻炼的经历，但一方面可能是时间太短，实践锻炼不够，其次可能是实际参与项目不足，效果不显著。

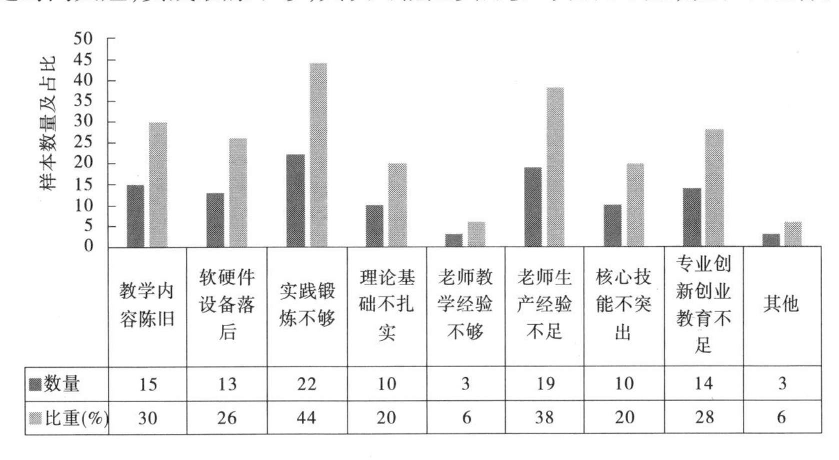

	教学内容陈旧	软硬件设备落后	实践锻炼不够	理论基础不扎实	老师教学经验不够	老师生产经验不足	核心技能不突出	专业创新创业教育不足	其他
数量	15	13	22	10	3	19	10	14	3
比重(%)	30	26	44	20	6	38	20	28	6

图 3-25　毕业生跟踪调查反映的教学问题分析

（五）学生专升本情况

作为构建完善职业教育体系的“立交桥”，专升本是大力拓宽高职院校毕业生继续接受本科教育的渠道。根据调研数据统计，升学率在 3%～15%的院校占调研院校比例的 64%，升学率在 3%以下的院校占调研院校比例的 24%，升学率在 15%以上的院校占调研院校比例的 12%，如图 3-26 所示。体现出高职高专院校测绘地理信息类专业学生选拔到本科阶段继续学习的规模有待进一步提高。

二、存在的问题及对策建议

（一）存在的问题

1.部分院校专业定位模糊，缺乏统一的规范和标准

教育部 2015 年发布的专业目录共有 11 个测绘地理信息类专业，对各专业人才培养规格及核心课程均做出了明确的界定。但在实际办学中，部分院校并没有认真参考，市场

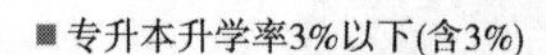
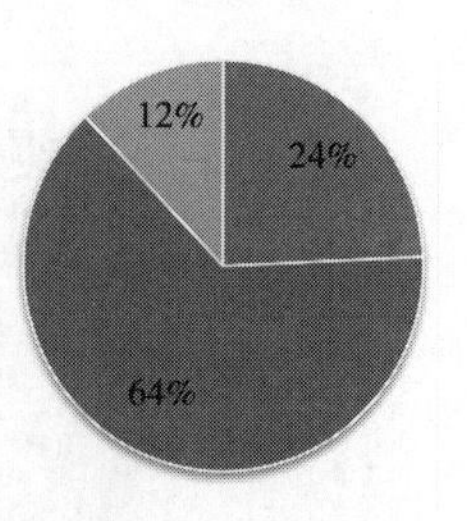

图 3-26　学生专升本比例

调研也不充分，不同专业的教学内容相似度极高，就业岗位重叠度大，专业定位模糊，专业区分不明显，尤以办学点少的几个小众专业较为突出，如地理国情监测技术、地图制图与数字传播技术和测绘地理信息技术 3 个专业之间的关联度和差异性，测绘与地质工程技术、矿山测量、工程测量技术的关联度和差异性难以把握。几个小众专业设置时间短，可借鉴经验少，各院校开设的课程五花八门，缺乏统一的规范和标准，没有办学特色。

2.教学改革覆盖的专业面和办学点少

2006 年以来，国家通过一系列质量工程项目，持续不断地推进教学改革，从示范校建设到骨干校、优质校建设，到现代学徒制试点和创新发展行动计划，再到现在的“双高计划”；从精品课程建设到精品资源共享课程、再到精品开放课程、专业教学资源库建设；始终围绕一个主题，即提高高等职业教育教学质量，解决校企之间的供需矛盾，更好地服务行业发展和地方经济建设。以上这些项目覆盖测绘地理信息类专业办学点少，教学改革成果主要集中在工程测量技术专业。例如，全国 451 个测绘地理信息类专业办学点中，工程测量技术专业占 62%；列入国家百所示范校和骨干校重点专业建设的 8 个测绘地理信息类专业办学点中，工程测量技术专业有 6 个，占比 75%；列入国家现代学徒制试点的 18 个测绘地理信息类专业办学点中，工程测量技术专业占 78%；被认定的 2 919 个国家创新发展行动计划骨干专业中，测绘地理信息类专业办学点只有 23 个，占比 0.8%，而工程测量技术专业有 19 个，占测绘地理信息类专业总量的 83%。其他诸如测绘工程技术、测绘地理信息技术、摄影测量与遥感技术、矿山测量、国土测绘与规划，虽也一定程度开展了教学改革探索，但成果没有得到进一步的凝练总结和推广应用，示范引领作用发挥不够。

3.院校办学条件不能满足人才培养的需要

（1）教师知识技能水平与满足教学需要之间依然存在差距。由于大多专任教师是从学校到学校，缺乏相关工程实践经验和教学经验，虽然有下企业锻炼的经历，但一方面是时间太短，实践锻炼不够；另一方面是实际参与项目不足，技术技能水平有待提高，师资培养工作任重道远。

（2）部分院校随着招生规模的不断扩大，师生比逐年提高，专业师资总量吃紧，教师承担的教学任务过重，参与教学改革研究的时间和精力极其有限，教学质量难以保障。

（3）实训条件与满足人才培养需要之间依然存在差距。测绘地理信息类专业是实践操作性很强的专业，学生需要在实践中充分训练，方可掌握相关技术技能。但大部分院校由于专业实训设备总量吃紧，生均使用设备的时间大大压缩，实训项目开出率低，实训效果达不到教学要求。同时，随着测绘新技术、新装备的发展，受财力所限，院校并不能及时引入新设备，对新技术的讲授仅限于理论教学层面，没有条件开展实训。

4.教学与生产脱节的现象依然存在

测绘是为国民经济、社会发展以及国家各个部门提供地理信息保障,并为各项工程顺利实施提供技术、信息和决策支持的基础性行业。工程测量技术、测绘工程技术、矿山测量等专业办学历史悠久,传统测量知识和技术手段在教学内容中占有很大比重,甚至已经在生产中被淘汰多年的测量方法和技术手段依然充斥在课堂中,如视距导线测量、三角网的布设与施测等仍在教学安排中占据相当的学时数。而自动化变形监测、倾斜摄影测量等新技术及新方法并未及时引入教学,教学内容与实际生产脱节。

5.行业企业的人才培养参与度不够

大多测绘地理信息生产企业对学校教育教学的支持停留在捐赠软硬件设备、接收学生实习实训、与学校合作开展项目研发等,参与人才培养方案和课程标准的制订、教学资源的建设、教材的开发以及课程教学较少,校企合作开展人才培养普遍存在"学校一头热"现象。同时,测绘地理信息行业和地方政府部门对高职测绘地理信息教育的关注和指导不够,鼓励企业参与测绘地理信息技术技能人才培养、促进产教融合的机制体制还处于探索起步阶段。

6.人才供需矛盾依然存在

调研数据显示,测绘地理信息高职毕业生主要集中在中小微企业,分布在服务型和技术型岗位,测绘地理信息技术技能人才供给和产业需求在结构、质量、水平上还不能完全适应,存在"两张皮"的问题。如,很多矿业大省有矿山测量人才需求,却没有矿山测量专业办学点;毕业生不大愿意到经济欠发达地区和边疆地区工作,缺乏吃苦耐劳精神;毕业生岗位适应能力和职业迁移能力有待进一步提高等。

7.中、高、本衔接渠道不够畅通,升学率低

近年来,企业服务型岗位由中职需求为主逐渐过渡到以高职为主,中职毕业生就业日趋严峻,高职毕业生就业形势相对较好,本科及以上毕业生就业前景乐观,而中、高、本升学渠道目前不够畅通,升学率低。

(二)对策建议

1.对接行业产业,动态调整专业设置,完善专业教学标准体系建设

教育部2015年颁布的《普通高等学校高等职业教育(专科)专业目录(2015年)》已经执行到第五年,根据测绘地理信息行业产业发展对人才的需求变化,结合现行专业目录的院校举办情况,建议及时进行修订,进一步优化专业设置。紧贴行业新技术和岗位规范,研究并制定测绘地理信息国家职业教学标准,设置办学准入,规范院校办学,引导专业良性发展。

各院校应认真研究教育部的专业设置要求,对专业定位、课程设置进行分析,对接产业,细化教学实施标准。同时,开展毕业生跟踪调查和行业企业调查,建立毕业生跟踪反馈及社会评价机制,定期评价人才培养质量和培养目标达成情况,及时掌握人才需求状况,动态调整人才培养方案及课程教学内容。

建议测绘地理信息行业省级主管部门定期发布人才需求报告。如,每年末或中期,由各测绘资质单位上报各自单位的测绘地理信息人才需求与用人信息,有利于测绘地理信息类专业举办院校及时了解行业的人才需求,引导各院校调整和设置专业。

2.扩大教学改革成果的延伸应用,打造专业品牌

在总结工程测量技术等专业教学改革经验的基础上,将教学改革成果延伸应用到其他测绘地理信息类专业,带动相关专业的建设与发展。针对测绘地理信息产业发展催生出的新兴专业,加强调研,摸清行业企业对人才的需求,及时调整教学方案,在办学过程中不断总结和完善,结合行业发展和地方经济建设需求,推进专业教学改革,探索并创新办学模式,努力打造独具特色的专业品牌,通过示范和品牌效应,整体推动测绘地理信息职业教育发展。

3.加强校际、校企合作,推进资源共建共享

加强校际合作,共建共享教学资源,包括资源库建设、在线课程开发、教材编写等;开展师生交流互访活动,建立师生交流互访机制,完善交换生交流学习制度和教师互访制度,充分发挥优势院校的示范引领作用,及时交流和推广教学改革成果。

推进校企人才双向流动,建立互聘互兼制度。加大企业兼职教师的聘请力度,进一步改善学校双师结构,夯实师资力量。选派学校教师到企业兼职和锻炼,提升教师技术技能水平。

建议测绘地理信息行业行政主管部门加强对各院校人才培养工作的指导,鼓励院校与行业企业联合,组建测绘地理信息职教联盟或产业学院,引企驻校,引校进企,共建共享兼具教学与生产功能的生产性实训基地,共同制定人才培养方案和课程实施标准,开发岗位工作手册和活页教材,改善办学条件,促进教学与生产零距离对接。

4.制定测绘地理信息艰苦行业招生倾斜政策

测绘地理信息类专业属于艰苦行业,由于毕业生不大愿意到经济欠发达地区和边疆地区工作,造成这些地区测绘地理信息人才急缺。为了吸引和留住人才,经济欠发达地区和边疆地区特别需要"本土化"生源的毕业生。建议针对经济欠发达地区和边疆地区的实际情况,在高考录取时政策上有所倾斜。

5.搭建测绘地理信息职业教育"立交桥"

建议中、高、本院校联合探索测绘地理信息职业教育专本套读,中、高、本衔接模式,研制中、高、本职业教育衔接人才培养教学方案、教学标准,为培养"高素质、精技能、能应用、善创新"的技术技能人才架设"立交桥",拓展职业院校学生的上升空间。同时,扩大"专升本"本科院校的数量和招生规模,扩大高职院校"三校生"招生规模,使中、高职学生上升渠道和空间更宽广,让更多优秀的中、高职学生能够得到更高层次的教育,进一步提高升学率。

第四章　机遇与挑战

第一节　测绘地理信息产业发展的机遇与挑战

测绘地理信息产业是国民经济的重要组成部分，地理信息在国土资源开发利用、环境监测和评估、经济建设规划和管理、人口统计和调查、防灾和抗灾及各级政府决策等方面都有着广泛的应用。近年来，随着卫星导航应用、空间数据处理等核心地理信息技术的迅速发展，以及测绘地理信息产业与通信、互联网、物联网、云计算等产业的融合和创新，测绘地理信息产业保持了较高的增长速度。2014 年 7 月国家正式出台《国家地理信息产业发展规划(2014 ~2020 年)》，这是在国家层面上首个地理信息产业规划，对于推进我国测绘地理信息蓬勃发展具有重要指导意义。截至 2019 年 6 月底，我国测绘地理信息产业从业单位数量超过 10.4 万家，产业从业人员数量超过 134 万，测绘地理信息产业正面临着前所未有的发展机遇和挑战。

一、测绘地理信息发展面临的机遇与挑战

当前，我国经济发展进入新常态，与复杂多变的国际形势和新一轮科技革命、产业变革形成历史性交汇。测绘地理信息处于大有作为的重要战略机遇期，但随着 2018 年 3 月国务院机构改革，整合国家测绘地理信息局职责，组建中华人民共和国自然资源部，不再保留国家测绘地理信息局。测绘地理信息面临不少困难与挑战，需要在抢抓机遇中积蓄应对挑战的强大力量，在应对挑战中持续健康发展。

(一)测绘地理信息发展面临重大机遇

1. 经济社会发展对测绘地理信息提出新需求

到“十三五”末，我国实现全面建成小康社会的总目标，需要充分发挥测绘地理信息的基础支撑和服务保障作用。“一带一路”建设、京津冀协同发展和长江经济带发展等重大战略的实施，为创新地理信息资源开发利用模式，全方位做好支撑保障提出更高要求。拓展我国经济发展空间、实施“走出去”战略和促进海洋经济发展，需要进一步拓展测绘地理信息覆盖范围，尽快掌握全球和海洋地理信息资源。加强生态文明建设，优化国土空间开发格局，推进“多规合一”，需要加快提升测绘地理信息工作的深度和广度，形成更为全面有效的基础支撑。落实“互联网 +”《中国制造 2025》“促进大数据发展”等行动计划，为发展地理信息产业提供了更加广阔的舞台。

2. 科学技术快速发展为测绘地理信息发展注入新动力

国际上卫星导航定位系统的现代化建设及卫星导航定位基准站全球化布局加快推进，对地观测系统向全天时、全天候、高精度方向发展，地理信息处理更加自动化、智能化，为我国测绘地理信息发展提供了技术指引。我国测绘地理信息技术与以移动互联网、物

联网、大数据、云计算为代表的新一代信息技术加速融合，催生各种地理信息新应用、新产品和新服务。北斗卫星导航系统、现代测绘基准体系、地理信息公共服务平台等基础设施不断完善，机载雷达、无人机、倾斜摄影等新型技术装备在测绘地理信息领域的应用日益广泛，将极大地提升生产服务的质量和效率。

以卫星导航定位、遥感、地理信息系统为代表的3S技术已广泛应用到测绘地理信息生产和服务当中。卫星遥感、航空摄影、地面移动测量等多种技术装备的研发和应用，形成了空、天、地一体化数据获取能力。同时，伴随着计算机技术的发展，我国自主研发的数据处理软件不断涌现，具备了多源海量数据的快速处理能力。当前，测绘地理信息正处于信息化测绘向智能化测绘的过渡阶段，人工智能、大数据、云计算、物联网等技术的发展，以及与测绘地理信息的加速融合，必将带来测绘地理信息领域新的变革。

3. 北斗系统快速发展为产业发展带来新机遇

北斗系统是国际首创混合星座设计，开创导航定位、短报文通信、差分增强融合技术体制。北斗发展已步入新时代，北斗二号持续稳定运行，北斗三号2018年底建成基本系统；2020年底，将建成世界一流的全球系统，积极推动服务世界。北斗开通以来，服务能力不断增强，应用产业呈现快速发展态势，带来了诸多发展机遇。

1)“北斗+”融合应用新模式

自2012年12月北斗系统开通服务以来，连续稳定运行，北斗二号定位精度由10 m提升至6 m。增加4颗备份卫星，2颗已发射入轨。建设北斗地基增强系统，形成全国“一张网”，可提供实时厘米级高精度服务，成为测绘地理信息产业的高精度实时定位服务的助推器。北斗三号组网继承北斗特色，对标世界一流，增加星间链路、全球搜索救援等新功能，播发性能更优的导航信号。发射5颗试验卫星，星载原子钟天稳定度达10^{-15}量级，定位精度2.5～5 m，较北斗二号提升1～2倍。目前，北斗已形成完整产业链，北斗在国家安全和重点领域标配化使用，在大众消费领域规模化应用，正在催生“北斗+”融合应用新模式。

2)行业区域应用显现规模化效益

2012年以前，国内基本使用国外卫星导航系统。现如今，北斗已在公安、交通、渔业、电力、林业、减灾等行业得到广泛使用，正服务于智慧城市建设和社会治理。480万辆营运车辆上线，建成全球最大的北斗车联网平台，相比2012年，2016年道路运输重大事故率和人员伤亡率均下降近50%。公安出警时间缩短近20%，突发重大灾情上报时间缩短至1 h内，应急救援响应效率提升2倍。全国4万余艘渔船安装北斗，累计救助渔民超过1万人，已成为渔民的海上保护神。基于北斗的高精度服务，已用于精细农业、危房监测、无人驾驶等领域。

3)大众应用触手可及

北斗由“高大上”转为“接地气”，日益走近百姓生活。世界主流手机芯片大都支持北斗，国内销售的智能手机北斗正成为标配。共享单车配装北斗实现精细管理。支持北斗的手表、手环、学生卡，更加方便和保护人们的日常生活。以北京为例，33 500辆出租车、21 000辆公交车安装北斗，实现北斗定位全覆盖；1 500辆物流货车及19 000名配送员，使用北斗终端和手环接入物流云平台，实现实时调度。

4)北斗融合互联网催生新业态

2012~2017年期间,共发布6版信号接口控制文件和1版服务性能规范。国内从业企业超过14 000家,从业人员超过45万。国内卫星导航产业年产值年均增长率超过15%,2016年突破2 118亿元,北斗贡献率超过70%,2017年超过2 500亿元,北斗贡献率可达80%。北斗与互联网、云计算、大数据融合,建成高精度时空信息云服务平台,推出全球首个支持北斗的加速辅助定位系统,服务覆盖200余个国家和地区,用户突破1亿,日服务达2亿次。

4. 智慧城市时空大数据与云平台建设带来新的机遇

2017年,国家测绘地理信息局发布的《关于加快推进智慧城市时空大数据与云平台建设试点工作的通知》,结合智慧城市时空大数据与云平台建设需要,针对如何发挥测绘地理信息的支撑和保障作用提出了新的要求和工作重点,为测绘地理信息行业发展带来新的机遇。

(1)要实现遥感影像的年度更新。重点推进住宅小区、道路桥梁、公建设施等快速更新,满足按需更新要求。要建立遥感影像统筹采购和共享机制,统筹各方需求,实现遥感影像的年度更新。

(2)明确"天地图"的角色。着力提升公共服务水平,选取一批有基础、条件成熟的地区开展智慧社区建设,发挥示范作用,切实服务民生。统筹推进智慧城市与"天地图"市级节点建设与接入,实现互联互通、共建共享。

(3)明确"多规合一"和"生态环境监测"为专业化平台建设的两个重要方向。一是服务城市"多规合一"工作,打造空间规划专业化平台;二是服务领导干部自然资源离任审计、地理市情监测等工作,打造生态环境监测平台。要将这两个专业化平台建设作为试点工作的必备内容,谋划好、建设好、应用好。

(4)明确数字城市与智慧城市的关系。数字城市是智慧城市的基础,抓好数字城市建设是推动智慧城市健康发展的前提。同时要推动数字城镇建设。

(5)要求充分利用地理国情普查成果。省级测绘地理信息部门要尽快将地理国情普查与监测数据提供城市使用,城市地理国情普查与监测数据要作为时空大数据的重要组成部分。

(6)将新技术结合其中。要通过智慧城市培育新动能,用新动能推动新发展。运用物联网、云计算、大数据、人工智能等新一代信息技术,实现数据深度融合、平台高效运转、应用流程再造。将移动测量、倾斜摄影、实景三维、街景地图等新型测绘技术和产品充分运用到智慧城市建设中,推动"高精尖"技术落地。

5. 地理信息开放共享促进测绘成果广泛应用

测绘地理信息工作作为服务经济建设、国防建设和社会发展的基础性、先行性事业,其公共服务的作用越来越凸显,促进地理信息成果共享和应用是形势所需,也是各方所期盼的。近年来,国家测绘地理信息局加快发展新型基础测绘、地理国情监测、应急测绘、航空航天遥感测绘、全球地理信息资源开发五大业务体系建设,致力于通过供给侧结构性改革,创新产品和服务模式,大力促进测绘成果应用,为国家重大战略、重大工程、重点工作提供服务。而测绘成果的生命力和价值就在于应用。

《中华人民共和国测绘法》对成果的开放共享也做出了一些重要规定：一是规定测绘地理信息主管部门应当同各级政府的不动产登记主管部门加强对不动产测绘的管理。二是要求测绘地理信息主管部门依法开展地理国情监测，要求各级政府采取有效措施，发挥地理国情监测成果在政府决策、社会发展和社会公众服务中的作用。三是规定测绘成果按照保障国家秘密安全、促进地理信息共享和应用的原则，确定秘密范围和秘密等级，并及时调整公布。要求测绘地理信息主管部门推动公众版测绘成果的加工和编制工作，通过提供公众版的成果、保密技术处理方式，促进测绘成果社会化应用，同时要求国家省级主管部门及时编制成果目录，并向社会公布。新修订的《中华人民共和国测绘法》对测绘地理信息部门海量的地理信息数据提出要求，要及时通过有效的方式，比如有一些涉及秘密的，要采取技术方法尽可能多地向社会公布，不允许我们宝贵的海量测绘地理信息数据在数据库里“睡大觉”，要求向社会服务、公开。四是规定县级以上人民政府应当建立健全政府部门间地理信息资源共建、共享的渠道，促进地理信息广泛应用。在法律上，从开放共享方面做出了非常系统、具体的规定，确保测绘地理信息数据能够及时公开、及时使用。

6. “一带一路”建设为测绘地理信息国际化发展拓展了新空间

“一带一路”是指横贯欧亚大陆，东连亚太经济圈，西至欧洲经济圈，涉及东亚、南亚、西亚、中亚、中东欧等地区 60 多个与我国有共同利益的新兴经济体和发展中国家。“一带一路”倡议是在当今经济全球化、区域一体化发展态势下提出的，旨在通过加强国际合作，对接彼此发展战略来实现优势互补，促进我国与沿线国家的共同发展。

根据国家统计局 2016 年的《统计公报》，我国对“一带一路”相关国家投资仅占当年总额的 13%，这表明“一带一路”沿线将是我国拓展发展空间、实现投资增量的重要地区。而近年来，围绕形成“一带一路”规划的六大经济走廊，我国优先启动基础设施建设，一批标志性工程，如中巴经济走廊“两大”公路和瓜达尔港、澜沧江—湄公河国际航道整治工程、巴基斯坦卡洛特水电站等相继启动或投入运营，还有一大批工程正处于前期规划和研究阶段，测绘地理信息应用贯穿于公路、铁路、水利、水电、港口、桥梁等基础设施规划、设计、建设和运营的全过程。

亚洲开发银行发布的《2015 年亚洲经济一体化报告》显示，以高铁、核电和导航卫星系统等为代表的中国高端科技产品深受亚洲各国的认可。“一带一路”建设将进一步加大与沿线国家的合作，推动我国自主的北斗系统、“资源三号”“高分”“高景”、吉林一号等卫星资源“走出去”，形成卫星数据全球接收与应用服务能力，为空间基础设施应用和自主技术装备国际化发展拓展了新的空间。

（二）测绘地理信息发展面临严峻挑战

1. 全面深化改革对测绘地理信息提出新要求

党的十八届三中全会明确提出，要处理好政府和市场的关系，使市场在资源配置中起决定性作用，加快转变政府职能，更好地发挥政府作用。落实上述要求，测绘地理信息部门需要切实推进行政管理体制改革，进一步简政放权、放管结合、优化服务，转变职能，切实加快政企、政资、政事、政社分开，推动公益性服务和产业化服务协同发展；需要在测绘地理信息公共服务领域有序引入市场竞争机制，探索建立测绘地理信息基础设施建设多元化投入机制，为进一步提升发展质量和效益创造有利环境和条件。更好地服务于保障重大改革任务，要求测绘地理信息部门进一步创新工作理念和发展方式，提供更高水平的产品和服务。

目前存在的问题任务是：适应测绘地理信息事业新格局的政策法规、管理体制和运行机制有待完善；测绘地理信息与经济社会发展的深度融合需要加强，需求与服务有机衔接的长效机制尚未形成；地理国情普查与监测的应用需进一步深化拓展，应急测绘保障服务能力仍显薄弱；全球和海洋地理信息资源开发建设严重滞后；地理信息产业整体水平不高，核心竞争力不强；自主创新能力对测绘地理信息事业发展的支撑作用有待进一步提高。

2. 社会发展对基础测绘成果服务提出新要求

原测绘地理信息局的传统业务工作主要有两项：一项是建立和维持测绘基准，例如平面基准、高程基准、重力基准；另一项是测制和更新基本比例尺地形图。基础测绘成果主要服务于各级政府部门的公益性保障服务领域，林业、农业、土地、水利等各个方面都需要基础测绘成果。随着经济社会发展和技术的进步，原有的需求发生了大幅度变化，这对测绘地理信息部门的服务能力提出了更高的要求，促使我们做出更好的测绘产品。

伴随着社会经济的发展，用户需求也发生了变化，测绘地理信息用户的范围更广泛了，对基础测绘的产品和成果提出了更多、更高的要求，迫使国家测绘地理信息局必须对基础测绘原有的管理体制、技术标准、产品形式、服务方式等进行创新。这些创新融合在一起，就是新型基础测绘体系。新型基础测绘现在已经有了一系列探索，在方方面面都做了很多创新性的研究，但是作为全面的、细致的、成规模的产品形式，还在逐步完善中。为了使新型基础测绘在全国范围内推开，原国家测绘地理信息局制订了开展试点的工作计划，踏踏实实走好每一步。新型基础测绘工作看起来简单，具体落地还需要制定很多标准、规范、技术规定，指导有关单位按照标准走通整套流程后，才能在全国范围推广。在试点推进的过程中，需要不断进行探索、完善需求，持续改进，将新型基础测绘体系真正建立起来，推广开来。

3. 维护国家地理信息安全的任务更加繁重

地理信息作为国家重要的基础性、战略性信息资源，在维护国家安全中发挥着重要作用。今后一个时期，为应对地缘政治压力、保障边境地区稳定、维护我国海洋权益和全球战略利益，需要进一步加强海洋、边境地区乃至全球的地理信息资源开发建设。加强测绘地理信息统一监管，强化地理信息安全体系建设，提高公民的安全保密意识和国家版图意识，维护国家地理信息安全。

随着大众测绘时代的到来，移动互联网、物联网、大数据、云计算等新技术的飞速发展，商业微小遥感卫星、无人机遥感、移动测量、自动驾驶、室内导航、智能感知等新手段和各种基于位置的新应用不断涌现，测绘行为主体多元、构成复杂、技术手段多样，给地理信息安全监管带来严峻挑战，维护国家地理信息安全的任务愈加迫切和繁重。

既要确保国家地理信息安全，又要极大地释放地理信息价值，促进地理信息产业发展，这是当前测绘地理信息管理所面临的困难和挑战。

4. 提升自主创新能力和国际化竞争力迫在眉睫

“一带一路”倡议顺应了我国要素流动转型和国际产业转移的需要。尽管在政府部门的积极推动下和相关企业的不断努力下，我国地理信息产业在国际上的布局取得了一定进展，但总体来看企业“走出去”的数量还不多，主要位于中低端市场，与我国国际地位极不匹配，与“测绘强国”的奋斗目标也相差甚远。

从科技和产业发展格局看，发达国家占领全球测绘地理信息科技制高点的格局没有变，继续领跑高端装备制造、对地观测、卫星导航定位、地理信息系统研发等高技术领域，并正在向深空、深海、深地推进，我国先进技术装备对外依赖严重。发达国家将技术优势转化为产业优势的格局没有变，倾斜摄影、激光雷达、高精度卫星影像等高附加值产品占据国内大部分市场份额，长期控制和垄断核心领域，在挤压我国产业发展空间的同时，企图掌握地理信息大数据发展的主动权。

因此，需要加快我国地理信息产业在全球范围内的转移和调整，加深与全球地理信息产业一体化联系，提升资源全球化配置与运营效率，提高我国地理信息产品服务的国际竞争力和自主创新能力，以摆脱长期跟跑滞后局面，有效抗衡国际竞争。

5. 全球化和信息化对测绘地理信息标准化提出新要求

支撑我国测绘地理信息“走出去”发展战略，应对全球化和信息化纵深发展带来的国际化挑战，需要强化测绘地理信息标准化基础，加快国家测绘地理信息标准体系建设步伐，推进测绘地理信息标准与国际标准的接轨和转化，增强国际标准化的参与程度和影响力。

为应对互联网、移动通信、大数据和云计算等信息技术的快速发展带来的生产模式和服务方式的变革，以及新型仪器装备及技术的日益广泛应用，需要及时研制新技术，加快技术创新成果向标准成果转化，促进新技术成果的推广应用。

6. 加大支持产业间合作，促进共同发展

我国目前测绘地理信息产业数量少、规模小，不能满足社会经济的发展需要。而且这些企业的生产产品单一，自主研发和自主创新能力较低。企业间的合作太少，各个企业不能相互合作，推动新产品的研发，所以在市场中的竞争力明显低于其他产业。随着金融资本对测绘地理信息行业的渗透，测绘地理信息不再只是一个独立发展的信息产业。金融业扩大了资本筹集的范围，增强了测绘地理信息产业的实力，为其发展提供了充足的资源。政府应尽快制定相关政策，促进产业之间的合作，推动测绘地理信息产业化、网络化。通过对产业结构的调整，实现产业的合理布局，从而促进各个产业的共同发展。

二、测绘地理信息服务面临的机遇与挑战

（一）信息时代测绘地理信息服务面临的机遇与挑战

随着信息技术的不断更新发展，大数据已经渗透到了社会的各个领域和行业。在地理信息空间领域，大数据为测绘地理信息发展带来了新的机遇，伴随大数据技术的发展，测绘地理信息的新技术也在不断涌现，人们利用卫星遥感技术、网络地理信息技术，能够采集到描述地球和人类活动的数据，这些数据最后也被上传到网络空间为人们所用。在大数据时代，测绘大数据有着极大的发展潜力，同时也面临挑战。

麦肯锡曾说:“数据,已经渗透到当今每一个行业和业务职能领域,成为重要的生产因素。人们对于海量数据的挖掘和运用,预示着新一波生产率增长和消费者盈余浪潮的到来。”测绘地理信息服务业在这个大数据时代,有着极大的发展潜力,但与此同时,也要正视伴随而来的挑战,只有协调好二者的关系,才能发挥测绘地理信息服务的最大优势。

1.测绘地理信息服务面临的机遇

测绘地理信息和政府决策、企业经营、人们生活等方面的联系越发密切,对优政、兴业、惠民等相关的测绘地理信息需求不断增长,信息消费逐步成为新的经济点,这给了测绘地理信息服务广阔的发展空间。而大数据时代为测绘地理信息服务的整合、分析、评估提供了极为便利的途径,满足了现代服务业巨大的需求。同时,随着计算机网络技术、通信技术、测绘技术、数字化技术等的创新发展,为新时期的测绘地理信息服务提供了技术支持和保障,催生了诸多新产品、新服务,也使盈利模式发生了很大的变化,促进了市场需求的不断增大。

1)社会对于测绘地理信息服务的需求不断增强

政府服务需求方面,中央和地方政府制定的决策对于本地区的发展具有至关重要的作用。在做出正确的决策之前,管理部门要掌握足够充分和准确的信息,其中相当一部分,就需要测绘地理信息服务提供,比如人口数据、环境数据、矿产资源数据、道路交通建设数据等一系列城市建设的重要信息。测绘地理信息技术在政府部门管理和决策系统、数字城市、智慧城市、智慧交通等领域发挥着越来越重要的基础作用,在自然资源调查监测评价、统一确权登记、合理开发利用等方面发挥着关键作用,在国土空间规划编制—审批—实施—监督全过程发挥着支撑作用,对于了解灾情、监测预警、指挥决策、抢险救灾和恢复重建等作用不可替代,并广泛应用于大气污染源监测、城市空间扩展、植被覆盖变化、地表沉降监测等领域。

在经济领域需求方面,主要体现在五个方面。其一,位置服务与新经济深度融合。在万亿级的网络经济、共享经济、数字经济的快速发展背后,有基于位置服务的重要支持。如外卖、网约车、共享单车、共享汽车、电商等 App 都离不开位置服务。其二,定位监控服务成为运营车辆、船舶的标配。基于北斗等 GNSS 技术在车船监控的广泛应用,对监控对象的合规使用、安全行驶、保障休渔期动态监管和安全生产等方面的作用至关重要。其三,高精地图与自动驾驶市场深度融合。截至 2019 年 6 月,全国已有 18 个城市向百度、华为、腾讯、四维图新、千寻位置等 48 家企业,发放了 202 张自动驾驶测试牌照。高德、百度等地图厂商先后宣布完成覆盖全国高速公路和城市快速路的高精地图绘制,开始与车企进行量产合作,意味着在自动驾驶市场的高精地图竞争已经开启。其四,遥感技术与精细农业、金融保险期货、气象、智能电网、商业情报等市场融合不断加深。其五,企业要想获得利润,就必须清楚地了解各地的区位优势和劣势,再根据所获得的信息制定进一步的企业发展战略,充分发挥所掌握的优势,促进产业优化升级、淘汰落后产业、提高工作效率。同样,地理信息服务所涵盖的范围,也适用于为企业提供信息咨询。

社会生活需求方面,手机地图和汽车导航已经成为人们日常出行不可或缺的工具。随着智能手机及家用轿车的普及,越来越多的人更倾向于自主出游,这就需要获取详细准确的道路信息,而传统的地图远远不能满足当前的需求。测绘地理信息服务作为新时期科技高速发展的产物，迎合了大众的需求，在社会中迅速普及开来。主要体现在：第一，2018年中国手机地图用户规模为7.37亿人。互联网消费的群体逐步扩大，通过地图查询餐饮、旅游、出行、娱乐、社交等生活服务成为常态，为手机地图提供增量空间。第二，我国汽车业的迅速发展，带动车载导航市场的火热。2018年汽车导航后装市场终端销量达到400万台，汽车导航前装市场终端销量突破450万台。第三，基于位置的智能可穿戴设备市场快速增长。产品形态也从手环、手表、运动鞋等扩展到了智能衣服、智能珠宝等。中国市场已经成长为全球第一智能可穿戴市场。第四，随着二三维一体化不动产登记电子证照等地理信息技术新应用的出现，地理信息技术与每个老百姓的生活更加息息相关。

2）测绘地理信息服务出现了跨界发展的趋势

随着经济的飞速发展，各个行业逐渐打破了各自独立发展的局面，开始相互交融。测绘地理信息服务同样开始与其他行业结合，出现了跨界发展的趋势。从传统时期的数据采集，逐步发展到进入服务行业领域。伴随着金融行业的拓展，资本在大范围内流通，测绘地理信息服务业随之跨入资本市场，资本积极融入为测绘地理信息领域带来发展机遇。阿里巴巴、腾讯、中国移动、中国联通等企业主动涉入测绘地理信息服务，卫星导航、航空遥感数据获取与服务、空间信息技术等产业联盟的陆续建立，以及地理信息产业园区的蓬勃兴起，折射出地理信息产业发展的美好前景，也必将为测绘地理信息服务注入新的力量。

3）信息的价值相对于以往有了较大的增长

人类生活在地球上，生活起居、生产活动都建立在对我们所生存的环境的了解之上，地理知识作为一种常识性知识，与人类社会的发展有着密不可分的联系。当代社会，测绘地理信息对于经济的发展有着重要的指导作用。测绘地理信息掌握着各地基本的地理数据，通过与经济、人文、自然等数据的结合，能够得出各类之间所具有的联系，为各行业的发展提供指导，确保做出正确的决策，减少工作失误。

4）地理信息数据出现重要的全新来源

目前，移动、联通、电信等通信公司，百度等搜索公司，阿里巴巴、美团、顺丰、京东、滴滴等互联网商业公司，在开展自己业务的同时产生了大量的地理信息和位置数据，形成了地理信息大数据。例如，用户活动数据、个人和群体轨迹数据、车辆轨迹数据、配送员轨迹数据、消费数据等。对于这些新的数据源，各公司一方面在尝试自行开发利用，另一方面也可能形成新的产业合作生态，催生新的产品服务，形成新的市场空间。

2. 测绘地理信息服务与管理面临的挑战

凡事都具有两面性，在发展的过程中，有机遇就势必存在挑战。测绘地理信息的发展前景虽然一片光明，但存在的困境是不能被忽视的。

1）测绘地理信息存在安全隐患和传播不畅的问题

随着互联网的高速发展，数据库以其极大的储存优势，包含了大量地理信息，实现了大数据时代信息共享的预期。在给人们生活带来便利的同时，一部分由于专利问题、知识产权问题等应采取保密措施的信息，没有得到应有的保护，测绘地理信息的安全问题面临着极大的挑战，相关信息提供者的权益正受到严重的侵害。同时，也由于以上问题的限制，信息的传播也出现了障碍。部分信息由于制度存在缺陷，在共享过程中会出现断层现象，使一部分用户不能及时掌握相应信息。

运用移动网络对数据信息进行传输是大数据时代信息流通的根本保证。然而,在网络数据信息传输过程中,网络传输技术已经到了瓶颈时期,在各网络的连接端口上,大量数据的传输必须有足够传输能力的支持,才能保证数据的有效流通。大数据时代信息数据快速增长,对信息的存储能力、压缩技术、网络传输能力等都是巨大的挑战。

2)受到信息管理对象虚拟化的影响,信息管理工作不易开展

数据量极大是大数据时代的一个显著特点,而这些海量的数据就是信息管理的主要对象。伴随着测量工具的高科技化和测量能力的提高,测绘地理信息服务能够提供的信息也呈爆炸式增长。但对信息的管理却成为目前存在的一大严峻的问题。由于数据存在于互联网,以虚拟的形式存在着,没有具象化的管理对象使管理过程存在着不确定性。某些非法数据的存在,增大了信息管理的难度,这给信息管理者提出了更高的管理要求。

3)新型测绘地理信息系统的发展给传统信息行业造成巨大冲击

伴随着智能手机和互联网的发展,新型测绘地理信息给人们的生产生活带来了巨大的便利,使用人群以前所未有的速度增加着,但当前时期,仍存在着相当一部分的传统信息供应者,随着新型测绘地理信息受到广泛的传播,传统信息行业的市场急速缩小。举例来说,手机导航系统的发明,使大部分人摆脱了纸质版地图,造成了地图印刷行业的萧条,给地图的出版商和制造商带来了极大的打击。

4)对数据挖掘技术要求更高

大数据体量大的同时相对价值的密度较低,如何从这些大数据中挖掘出价值是大数据处理的难题,这就需要信息技术专家和领域专家密切配合,共同设计符合大数据特征的领域数据和分析工具,以便为大数据分析挖掘提供技术层面的支持。

(二)人工智能推动测绘与位置服务转型升级

随着科技的发展和社会的进步,人类对时空位置信息的需求从事后走向实时和瞬间,从静态走向动态和高速,从粗略走向精准和完备,从陆地走向海洋和天空,从区域走向广域和全球,从地球走向深空和宇宙。目前,正从实体空间走向虚拟网络空间,从自然走向人类社会和人自身。无时不有、无处不在的泛在位置服务,以及室内外一体、智能无缝的协同精密定位服务需求将越来越旺盛。为满足这些广泛而巨大的新需求所带来的机遇与挑战,测绘与位置服务必须推进本身的转型升级。

与此同时,过去的人工勘测在智能时代将逐步由智能设备或机器人来完成,特别是地球空间信息智能感知网络的形成和成熟,专职数据采集型的蓝领从业人员,需求量将会逐步萎缩,甚至消失。人工智能和智能时代的到来,意味着颠覆性的技术革命和传统性观念的革新,智能时代的测绘与位置服务领域需要重新审视自己,以应对未来的机遇与挑战。中国工程院院士刘经南指出,测绘与位置服务作为行业,不会消失,但须转型;作为学科,不会扩张,但须跨界;作为职业,蓝领消失,创客、智士领军。

三、测绘地理信息人才保障建设面临的机遇和挑战

(一)测绘地理信息科技发展面临的机遇和挑战

1. 国家重大战略实施为测绘地理信息科技发展带来新机遇

党的十八大提出了“两个一百年”的奋斗目标,提出了全面落实“五位一体”总体布局

和“四个全面”战略布局，实施“一带一路”、长江经济带、京津冀协同发展等国家重大战略，都对测绘地理信息做好支撑保障提出新的需求，加强生态文明建设，加强自然资源资产管理，优化国土空间开发格局，推进“多规合一”“智慧国土”“生态国土”，支撑“深地探测、深海探测、深空对地观测和土地工程”（简称“三深一土”）等都要求测绘地理信息推进全面创新，夯实科技发展基础，切实发挥引领驱动作用，更好地为提升事业服务保障能力和国家战略实施提供强有力的科技支撑。

2. 事业转型发展对测绘地理信息科技发展提出新要求

测绘地理信息事业正处于转型升级的战略机遇期，新型基础测绘、地理国情监测、航空航天遥感测绘、全球地理信息资源开发、应急测绘等五大业务与地理信息产业发展都迫切需要科技提供有力支撑，切实解决制约传统基础测绘向新型基础测绘转型中遇到的科技问题，突破地理国情监测以及航空航天遥感测绘的技术难关，解决全球测绘和应急测绘的前沿问题，破解地理信息产业发展中遇到的技术障碍，全面推动事业改革创新发展。

3. 跨界融合促使测绘地理信息科技转型升级

伴随着大数据、云计算、物联网、智能机器人等新技术的快速发展，测绘地理信息科技手段与应用已从传统的测量制图转变为包含 3S 技术、信息与网络、通信等多种手段的地球空间信息科学，近年来更与移动互联网、云计算、大数据、物联网、人工智能等高新技术紧密融合。人们采用测量、遥感、野外调查和传感网技术获取物理世界的信息，应用社会调查以及互联网、智能手机、导航设备、可穿戴设备和监控视频等工具获取人类社会经济信息，这些信息形成了多种多样的海量时空大数据。通过对不同来源的时空大数据进行管理、挖掘、分析与优化，使得面向时空大数据市场的新技术、新产品、新服务、新业态会不断涌现。不仅能够推动测绘地理信息装备制造与集成设备、一体化时空数据存储处理服务器等产业发展，同时，也将引发时空数据快速处理分析、数据挖掘技术和软件产品的发展，深化测绘地理信息与新一代信息技术融合发展，从而创造出巨大的经济和社会价值，促进地理信息产业快速发展。

随着地理空间信息资源的深度融合和地理信息产业的蓬勃发展，测绘地理信息工作范畴将扩大到陆、海、空甚至互联网络及人自身等领域。多尺度、个性化、智能化、全天候的测绘地理信息服务需求会越来越多，如无时不有、无处不在的泛在位置服务，室内外一体、智能无缝的协同精密定位服务等。测绘地理信息工作与政府管理决策、企业生产运营、人民群众生活的联系更加紧密，各方面对测绘地理信息科技服务保障的需求更加旺盛，测绘地理信息科技正面临全面的转型升级。

（二）测绘地理信息人才队伍支撑保障面临的机遇和挑战

产业的发展与科技的创新需要人才的支持，测绘地理信息人才队伍保障建设同样面临着机遇和挑战。

1. 产教融合和校企合作提供了良好的育人环境

截至 2019 年，全国具有地理信息科学本科专业的普通高校共有 179 所，具有测绘工程本科专业的普通高校 157 所，具有遥感科学与技术本科专业的普通高校 45 所，具有导航工程本科专业的普通高校 7 所；具有地理空间信息工程本科专业的普通高校 9 所。2018 年以来，部分高校还新成立、新组建了测绘、地信等相关学院和研究院。2019 年，全国举办测绘地理信息类专业的高职高专院校有270所，其中，开办工程测量技术专业243所，摄影测量与遥感技术专业37所，测绘工程技术专业22所，测绘地理信息技术专业55所，地籍测绘与土地管理专业19所，矿山测量专业7所，测绘与地质工程技术专业3所，导航与位置服务专业4所，地图制图与数字传播技术专业4所，地理国情监测技术专业1所，国土测绘与规划专业11所。测绘地理信息相关专业就业率在全国居各学科专业前列。越来越多的企业积极开展校企合作、推进产教融合，通过组织竞赛，设立奖学金、助学金和教育基金，设立教学实践基地，捐赠仪器设备和软件、数据等多种方式，营造了良好的育人环境，促进了人才培养和教育教学，为产业发展提供了人才保障。

2. 行业职业技能竞赛为人才队伍技术技能提升搭建了平台

职业技能竞赛已经成为测绘地理信息行业青年职工成长成才的重要平台，成为全行业技术大比武、岗位大练兵、技能大提升的集中检阅，成为优秀技能人才脱颖而出的直接途径，成为弘扬工匠精神、厚植工匠文化、恪守职业道德、崇尚精益求精的重要载体，在全行业形成了“比、学、赶、帮、超”的良好氛围。通过竞赛涌现出一批技艺精湛、业务全面、功底扎实、素质过硬的高素质技术技能人才，以赛促练，带动青年职工学技术、练技能，带动行业单位在人才培养方面加大投入，为深化测绘地理信息事业改革创新发展提供坚实的人才保障。时代呼唤人才，人才推进事业。通过竞赛实现了“以赛促学、以赛促培、以赛促练、以赛促建”的竞赛目标，形成了“国赛带动省赛、省赛带动市赛、行业赛带动院校赛”的竞赛体系，大大提高了测绘地理信息行业技能人才的培养质量。

3. 产业转型升级对人才保障提出新要求

伴随着测绘地理信息产业转型升级，测绘地理信息技术与移动互联网、云计算、大数据物联网、人工智能等高新技术加速融合的趋势不断加强，新应用、新业务加速出现，“大众化”趋势更为明显。测绘与地理信息生产服务实现了高度网络化、信息化、智能化和社会化，按需、灵活、泛在的测绘与地理信息服务正逐步实现。

结合测绘地理信息行业和跨界服务发展需求，测绘地理信息工作范围、工作内容和技术手段的变化对测绘地理信息技术技能人才提出了新要求。如，对导航定位、海洋测绘、水下地形测绘等专业技术人才的需求增加，同时对懂得计算机、摄影测量与遥感信息技术处理的复合型技术技能人才的需求不断增多。“十三五”期间，地理国情监测将常态化开展，并且随着服务领域的拓展及对监测成果要求的提高，对具有多学科专业背景和统计分析能力的专业技术人才需求不断增加。随着智能传感设备和测量设备的精确性、智能性、实时性和可靠性越来越高，以前要由人跋山涉水、手提肩扛甚至冒着生命危险来完成的勘测工作，在智能时代将逐步由智能设备或机器人来完成，地球空间信息智能感知网络将使数据的获取更加快捷、方便、智能，越来越多的专职数据采集人员面临转岗，其技术技能需要再学习和再提升。

与此同时，针对测绘地理信息专业技术人才，在根据各种需求及时将时空大数据应用于各个领域、深入挖掘与探索时空大数据所蕴藏的巨大价值，以及能够快速而全面提炼整合时空大数据等方面的数据运用与分析综合能力，均提出了更高的要求。

第二节 测绘地理信息高职教育发展的机遇与挑战

职业教育作为我国教育事业的重要组成部分，为社会主义现代化建设培养了许多高素质劳动者和实用技能型人才，其地位和作用毋庸置疑。伴随着经济社会的快速发展，对技能人才的需求日趋旺盛，职业教育正处于最好的发展时期。目前，全国 1.23 万所职业院校开设约 10 万个专业点，年招生总规模 930 万人，在校生 2 682 万人，中职、高职教育分别占我国高中阶段教育和高等教育的"半壁江山"。在现代制造业、战略性新兴产业和现代服务业等领域，一线新增从业人员 70% 以上来自职业院校毕业生。职业教育已经具备了大规模培养技术技能人才的能力，为国家经济社会发展提供了不可或缺的人力资源支撑。

高职教育要抓住机遇办出自己的特色，加大投入，提高办学水平和实力，赢得市场和树立品牌是必然的。高职教育的"人才特色"是强调人才的"高"和"职"。"高"决定了院校必须以一定的现代科学技术、文化和管理知识及其学科为基础，着重进行高智力含量的技术教育，要求毕业生能够熟练掌握具有高智力含量的应用技术和职业技能，并具有一定的对未来职业技术变化适应的能力。这是高等职业教育有别于中等职业教育的重要特征。"职"决定了院校主要强调应用技术和职业技能的实用性和针对性，知识及其学科注重综合性，围绕生产、建设、管理和服务第一线职业岗位或岗位群的实际需要，以"必须""够用"为衡量尺度。这是高等职业教育区别于普通高等教育的重要特征。

一、当前高等职业教育发展面临的机遇与挑战

（一）高等职业教育适应社会经济发展面临的机遇与挑战

1. 经济社会发展为高等职业教育带来的机遇

1）社会发展赋予的新使命促使高职生源拓宽

十九大报告指出，优先发展教育事业，完善职业教育和培训体系，深化产教融合、校企合作。职业教育是现代国民教育体系和人力资源开发的重要组成部分，肩负着为经济社会发展培养高素质劳动者的重大使命。

为适应产业升级和经济结构调整对技术技能人才越来越紧迫的需求，大力发展高等职业教育，是缓解当前就业压力、解决高技能人才短缺的国家战略。教育部联合六部委于 2019 年 9 月启动了高职百万扩招计划，针对应届普通高中毕业生、中职毕业生、社会考生（农民工、下岗职工、退役军人、新型职业农民等），扩大高职招生规模，以加快培养国家发展急需的各类技术技能人才，让更多青年凭借一技之长实现人生价值，让三百六十行人才荟萃。在高等教育普及化时代，通过高职教育输出更多高技能人才，这既能在未来解决"结构性失业"，同时也是结构性增加就业供给，为社会经济发展提供足够的人力资源支撑。

为解决中职教育的"断头路"问题，让中职在校生有上升的渠道和空间。近年来，教育部组织制定了"中高职衔接专业教学标准"，推进中等和高等职业教育在培养目标、专业设置、课程体系、教学过程等方面的衔接，逐步完善了职业教育考试招生制度，以鼓励中

职学生继续学习提升。同时,发布了五年制高职专业目录,支持办好重点培养产业发展和社会建设急需人才的五年制高等职业学校。这不仅为中职继续教育和学习奠定了基础,而且进一步拓宽了高职生源,对高职教育的发展起到了一定的促进作用。

2)高职教育政策支持和投入保障持续加大

近年来,国务院先后出台了《关于加快发展现代职业教育的决定》《国家教育事业发展"十三五"规划》《国家职业教育改革实施方案》等一系列政策,提出要把职业教育摆在教育改革创新和经济社会发展中更加突出的位置,大幅提升新时代职业教育现代化水平,为促进经济社会发展和提高国家竞争力提供优质人才资源支撑。

"十二五"以来,中央财政持续加大投入,年均增长超过50%,投入近500亿元,突出建设和改革两条主线,建成了一批具有较高水平和示范作用的骨干学校、专业和课程,助推职业教育改革发展不断走上新的台阶。截至2015年12月,全国所有省份均已出台高职生均拨款制度,进一步确保了高等职业教育经费投入。李克强总理在政府工作报告中特别强调,"中央财政大幅增加对高职院校的投入,地方财政也要加强支持"。财政部两会新闻发布会宣布,"与2018年执行数相比,今年全国一般公共预算教育支出增长8%,中央财政支持学前教育发展资金增长13.1%,现代职业教育质量提升计划专项资金增长26.6%(达到237亿元)"。

同时,教育部先后实施了示范性职业院校建设计划、高职学校提升专业服务产业发展能力项目、实训基地建设计划、高等职业教育创新发展行动计划等重大项目,支持建设了200所国家示范(骨干)高等职业院校、3 000多个实训基地,完成专业教师培训近20万人次。

3)企业参与院校办学为高等职业教育注入更多活力

随着我国现代职业教育体系的不断完善,企业逐渐作为职业教育的重要参与主体,以校企合作、工学结合模式为核心,在技术技能人才培养、双师型教师队伍建设、实习实训基地建设、企业办学等多个方面探索出一系列校企双方互利共赢的有效路径,有力地推动了职业教育的健康发展,职业院校办学活力持续增强,办学条件有效改善,办学质量和效益明显提高,双师型师资队伍培养步伐得到加快。近几年,我国劳动力供需的结构性矛盾是促使企业参与职业教育的外部动因,随着我国经济结构调整的深入和用工荒的蔓延,愿意参与职业教育的行业、企业会迅速增加。

《国家教育事业发展"十三五"规划》提出,要推行产教融合的职业教育模式,坚持面向市场、服务发展、促进就业的办学方向,创新技术技能人才培养模式。推行校企一体化育人,推进"订单式"培养、工学交替培养,积极推动校企联合招生、联合培养的现代学徒制。率先在大中型企业开展产教融合试点,推动行业企业与学校共建人才培养基地、技术创新基地、科技服务基地。鼓励学校、行业、企业、科研机构、社会组织等组建职业教育集团,实现教育链和产业链的有机融合,这将为高职教育发展注入更多活力。

2. 高等职业教育适应社会经济发展所面临的挑战

经济社会发展、政策支持保障、职业教育环境优化等均为我国高等职业教育发展提供了良好的条件,高等职业教育在获得了难得的发展机遇和空间的同时,也存在着教育质量与社会认可的巨大挑战。

1)高等职业教育要由追求规模扩张向提高质量转变

经济社会发展正在进入智能互联时代,职业教育要适应这个变化,积极推进人才培养模式改革和其他改革。坚持共舞与开放,共舞就是推进职业教育与其他各行业、各部门的共舞,不唱独角戏,共同协作,共谋发展;开放是对外、对内都要开放,以开放的国际视野,思考如何办好有中国特色的职业教育。当前,我国已经建成了世界上规模最大的职业教育体系,但职业教育大而不强。也就是说,规模扩张已达极限,如何强化内涵建设?中职目前最大的挑战是办学能力较弱。而对于高职来说,重点在于提高适应社会需求的能力。进入“十三五”阶段,职业教育发展的重点正转移到内涵发展和质量提升上,教育部会同财政部、国家发展和改革委员会等部门,组织实施了现代职业教育质量提升计划、产教融合工程等专项建设,以进一步改善职业学校的办学条件。

2019年,国家启动实施中国特色高水平高职学校和专业建设计划(简称“双高计划”),重点支持一批优质高职学校和专业群率先发展,引领职业教育服务国家战略、融入区域发展、促进产业升级,为建设教育强国、人才强国做出重要贡献。其总体目标是,围绕办好新时代职业教育的新要求,集中力量建设50所左右高水平高职学校和150个左右高水平专业群,打造技术技能人才培养高地和技术技能创新服务平台,支撑国家重点产业、区域支柱产业发展,引领新时代职业教育实现高质量发展。到2022年,列入计划的高职学校和专业群办学水平、服务能力、国际影响显著提升,为职业教育改革发展和培养千万计的高素质技术技能人才发挥示范引领作用,使职业教育成为支撑国家战略和地方经济社会发展的重要力量。形成一批有效支撑职业教育高质量发展的政策、制度、标准。到2035年,一批高职学校和专业群达到国际先进水平,引领职业教育实现现代化,为促进经济社会发展和提高国家竞争力提供优质人才资源支撑。职业教育高质量发展的政策、制度、标准体系更加成熟完善,形成中国特色职业教育发展模式。

未来几年,高等职业教育要由追求规模扩张向提高质量转变。高职院校应准确把握发展模式的变化,在稳定规模的基础上,以人才培养为中心,以提高质量为核心,把资源配置和工作重心转移到教育教学改革和技术技能人才培养上来,向内挖潜,整合资源,优化结构,夯实基础,实现发展模式的转变。

2)建立和完善高等职业教育与行业企业融合发展的体制机制迫在眉睫

行业企业参与是职业教育的重要特征之一,对于职业教育功能和作用的发挥起着决定性作用。行业企业参与职业教育,首先应从体制上,注重发挥企业作用,形成多元办学格局。企业在体制上的融入,将会最有效地实现校企对接,提高人才培养的针对性。

行业企业参与高等职业教育,集中体现在产教融合、校企合作的广度和深度上。然而,企业是市场经济下的经济组织,按市场规律办事。校企合作要深入下去,必须建立互惠共赢的利益机制,让追求利益最大化的企业,把职业教育的育人功能融入价值链中。目前还尚未有专门的协调机构负责设计、监督、考核和推行校企合作,校企合作的运行机制还不健全,校企合作的形式较为松散,缺乏长效的约束机制。一方面,我国的行业能否发挥出对职业教育的指导功能,在校企合作中发挥沟通、协调的作用,仍需进一步探索;另一方面,对于行业企业参与职业教育的方式、行为和内容也缺乏规定,校企双方在专业设置、课程建设、教材开发、教学、实训基地建设、师资培训上的责任分工、权利及义务等缺乏依据，合作双方存在较大的随意性。只有进一步调动企业参与校企合作的积极性，发挥其主体性作用，扩大企业参与职业教育办学的广度和深度，探索更加有效的企业参与校企合作的模式，形成校企全面合作、互惠共赢、责任共担的长效机制，才能更好地保障企业参与校企合作的成效。

3）生源质量下滑与生源结构多元化使高职人才培养面临巨大挑战

随着高校数量和招生计划逐年增加，高职院校录取分数逐年降低，适龄高考人数逐年减少等因素的影响，导致高职院校招生生源质量出现下降，给高职院校人才培养带来了新的挑战。

据教育部2016年统计数据显示，全国各类高等教育在学总规模达到3 699万人，高等教育毛入学率达到42.7%。全国共有普通高等学校和成人高等学校2 880所，比上年增加28所。其中，普通高等学校2 596所（含独立学院266所），比上年增加36所；成人高等学校284所，比上年减少8所。普通高校中本科院校1 237所，比上年增加18所；高职（专科）院校1 359所，比上年增加18所。由于我国长期推行计划生育政策，控制人口增长，人口基数增长速度放缓，高等教育适龄人口规模总体呈下降态势。

随着招生规模扩大，高职院校高考招生录取分数呈逐年下降趋势。从当前高考招录制度来看，高等职业院校主要通过几个途径招生：一是全国统一秋季高考。在每年本科一、二批次录取结束后，根据各省高招办划定的专科分数线录取考生。二是春季高考（单独招生考试或自主招生考试），由各省统一组织或各高职院校自行组织考试录取。三是对口升学，针对中职、技校、中专三校学生，通过对口考试进行录取。四是注册入学，在有些省份对一些参加秋季高考未被录取的考生，可以通过注册入学的方式进行录取。据统计，2014年高等职业教育分类考试招生人数达到151万，占高职招生计划总量的45%。《国务院关于深化考试招生制度改革的实施意见》明确提出，2015年通过分类考试录取的学生占高职院校招生总数的一半左右，2017年成为主渠道。2019年国家推行高职百万扩招专项，鼓励更多应届高中毕业生和退役军人、下岗职工、农民工等报考，大规模扩招100万人，进一步拓宽了高职生源。

考试招生制度的改革导致高职生源结构发生重大变化，主要体现在：学生个体文化素质差异大，学习经历差异大，年龄差距大，学生来源途径多样化，高等职业院校人才培养面临巨大的挑战。面对生源结构多样化、多元化，如何开展教育教学改革，有针对性地实施教学和管理，保障人才培养质量，这是高等职业教育当下应积极探索和研究的课题。高职院校应按照“分类招生、分类培养、分类管理、分类评价”的要求，根据不同生源对象和特点，分类制定章程，落实招生宣传举措；采取固定与弹性学制相结合、集中与分散学习相结合、线上与线下学习相结合、体系化学习与模块化学习相结合、校内实训与岗位实践相结合的培养方式，分类编制人才培养方案，统筹落实教学组织；按照不同学制模式，分类制定学籍和学生管理制度，针对不同生源性质，分类制定资助奖惩办法；根据不同生源的基础，经历以及学习、工作特点，探索开展相关课程置换、学分认定，实施分类评价。同时，要健全内部质量评价与保障机制，实施对教学基本状态的常态监测，实现及时的自我诊断和改进。

(二)产业转型升级为高等职业教育带来的机遇与挑战

产业转型升级,是从低附加值到高附加值的升级,从高耗能高污染到低耗能低污染的升级,从粗放到集约的升级。全球化经济危机对中国的市场经济带来了很大的挑战,出口高速增长的时代不再出现,廉价要素也不复存在,这两大因素都对中国的经济增长、企业的生存、员工的安置以及社会的稳定产生了很大的影响。为了创造科学、和谐的社会环境,提高经济的增长质量和效益,产业转型升级被摆在突出的位置上。"十二五"规划提出,要大力发展战略性新兴产业和现代服务业,并强调在制造业中突出先进制造业,以逐步替代过去一些低端的制造业,以产业的升级促进经济发展方式的转变。产业转型升级过程中,技术研发、自主创新、品牌创建、承接国际间产业的高端分工,大力发展先进制造业和现代服务业,都对岗位人才的技能等级和熟练程度提出更高的要求,这对高职教育而言既是机遇又是挑战。

1. 产业转型升级需要高等职业院校培育更多有竞争力的人才

产业发展对人才、科技的依赖,成为高职发展的契机。技术技能型人才在促进产业转型升级中具有重要作用,没有高素质人才做支撑,产业转型升级将举步维艰。产业转型升级对技术人才市场带来的最大冲击就是"用工荒"。尽管许多企业放宽了条件,提高了薪酬,但仍存在众多企业因为缺工而不能正常生产的情况。"用工荒"的困境不在于数量之荒,而是质量之荒。质量之荒不仅仅体现在人才的职业技能上,还体现在职业素质和职业能力上。其次,产业转型升级对职业教育的挑战还表现在对劳动者结构的调整上,主要表现在:不同产业对人才的需求层次和比例是不一样的,第一、二产业需要技能人才,且对初、中、高级人才的需求比例是不同的;第三产业需要普工和服务人员,随着产业升级,这一产业的人才需求缺口会逐渐增大。

调查发现,在我国东部沿海地区的企业招工需求中,对低学历(初中及以下)员工的需求数量呈明显减少趋势;再加上产业转型升级中机器换人的步伐加快,市场对人才的技术水平以及综合素养也提出了新的要求,人才层次的逐步高移需要高等职业教育的培养支撑。目前,我国产业转型升级已经对技术技能型专门人才的需求形成倒逼态势,高素质技术技能人才的市场需求呈攀升趋势,基于此,高职专业人才培养目标要从一般人力资本的技能型操作工,向应用型、技术创新型的高技能人才转变,在教育教学中要充分考虑到学生的广泛就业能力、岗位转换能力、创新竞争能力,以此来适应产业调整、岗位转换、技能提升的需要。

2. 产业转型要求高等职业教育的专业设置与产业链高度匹配

新兴产业、现代服务业和先进制造业的升级,改变了以往依靠劳动密集型发展、廉价劳动力来获取竞争的优势,主要采用新技术或新工艺来提高产业链中生产加工工艺流程的效率。新的技术和工艺对以往企业技术含量低的人力资本的职业能力、创新能力提出了更高的要求。

经济转型升级,需要提高专业与产业的配套性、专业与市场的适应性。高等职业学校的专业设置一旦与产业需求产生偏差,就会为结构性失业埋下隐患。随着经济发展动力由资本推向以人为核心转变,知识与创造性劳动对价值产生起到决定性作用,人力资源被摆在更为突出的地位,这都对体现职业院校核心竞争力的专业建设和人才培养提出了新的要求。当前,制造业是产业转型升级的重点对象,产业发展对高新技术人才的需求将会不断攀升;加之新兴产业迅速崛起,增设新兴产业的相关专业,整合、完善一些旧的传统专业已成为发展趋势,这对当前高职专业体系建设无疑是一个很大的挑战。

3. 产业转型要求高等职业教育提升社会服务功能

随着我国市场经济的不断发展和国家对高等职业教育的持续投入,高等职业教育取得了长足的进步,办学条件大为改善,教育体系日渐完善,教师的社会服务能力逐年提升,教学水平不断提高,但与经济发展的现实需求相比,高等职业教育的社会服务能力还有很大的提升空间。随着信息时代的到来,生产服务领域的变革速度快、层次深,新产品、新技术、新模式、新业态层出不穷,企业跨界经营已成常态,行业交叉融合趋势明显。然而,高职人才培养与社会实际需求存在脱节,使得高等职业教育服务社会生产的功能难以有效发挥。同时,职业院校在开展社会服务方面缺乏长效机制,对如何形成职业教育的专业特色和服务社会的品牌还有待进一步探索。

产业转型升级的核心在于对产业结构的调整,包括产业链的纵向一体化、产业水平发展横向一体化、产业融合式发展的立体化等三方面。在调整的过程中,一些新兴岗位不断涌现,对先进技能的需求也越来越大,传统企业对满足这些要求的人力资源储备不够,从而出现"用工荒"。同时,大批低技能劳动者的就业岗位"岌岌可危",产生了巨大的再教育需求。在人力资源市场容量和结构发生重大变化的形势下,职业院校应当把产业转型升级与职工的培训和再就业结合起来,充分发挥教育功能,提升社会服务能力,拓展教育培训服务范围,帮助企业解决"用工荒"的问题,帮助产业转型升级中受到冲击以及替代的劳动者顺利实现再就业、高质量就业,放大职业教育的社会价值。

(三)大数据时代为高等职业教育带来的机遇与挑战

大数据时代已经来临,并在高等职业教育领域产生了巨大影响,也带来了诸多机遇和挑战。以课堂为情境,大数据来源于课堂教学行为和教师实践性知识两个方面,面对大数据采取以数据挖掘为核心的研究方法。同样大数据面临着信度、效度的问题,有价值的信息也是有限的,大数据的分析结果存在一定的局限。合理利用大数据信息技术,加强数字教育资源及其平台的建设,深化高职院校信息化建设,深度发掘教师与学生的信息数据,加以分析处理,从而促进高职院校专业建设与人才培养的信息化。

1. 教师面临的机遇与挑战

大数据时代的到来,使院校师生的学习方式发生了改变,新型师生关系必将出现,教师需要探索一种受学生欢迎的、符合时代发展的新型教学模式,为自己赢得更多的学生。目前,在线教育学习形式丰富多彩,学生获取知识的途径有了更多选择,对教师的要求也越来越高。比如,大量名校教师的教学视频在网上可以免费获取,任何学生只要自己想学,都能通过网络学习到顶尖院校的课程。因而未来要如何赢得学生,这对高职院校教师而言是一大挑战。

在大数据引起的教育变革背景下,教师单凭自己多年积累的工作经验已不能满足时代的要求,那种"说教式"的教学理念已经完全落伍。因此,教师要形成一种符合时代发展的新型教学理念,变说教式教学为体验式教学。在大数据背景下,从学生学习出现的新特点和规律出发,充分利用网络资源,研究教学内容,完善教学方法,结合发掘出的学生信息，设置受学生欢迎的教学情境，培养学生的创新意识和自主学习能力，不断反思教学中存在的问题，加以改进，做一名引领潮流的新型教师。

2. 学生面临的机遇与挑战

大数据时代的到来，为学生自主拓展学习平台提供了基础。随着在线教育的推广，以及网络公开课的普及，学生有机会获得更多的学习资源，学习方式也更加多样，而不仅仅局限于教师的面授形式。大数据拥有的海量信息，为学生提供更大学习空间的同时，也给学生带来更多的选择困惑。一方面，丰富多彩的学习资源使得终身学习成为可能，学生的选择也更多；另一方面，在众多的信息面前，学生如何选择，如何合理利用时间，将成为困扰学生的难题。

大数据时代下，学生不再是被动的信息接收者，将教师指导下的学生自主活动和合作活动有机结合起来，可促进自我发展；根据自身的学习状况，转变以往的单一学习方式，掌握各种新型学习工具，开展自主学习，提高学习效率；有选择地参加在线课程学习，并按个人需求选择网络上的优质教育资源，在快速发展的信息技术面前，找到符合自身发展的新型学习方式。

面对知识无处不在，资源举手可得的当下，每个学生的时间精力都是有限的，要根据自身的兴趣爱好，选择符合自我发展的学习资源，充分利用时间，结合市场需要，完善和提高自身能力，掌握学习技巧，努力培养自身的价值观念、思维方式和知识结构，特别是创新能力和思维能力。

（四）信息技术发展为高等职业教育带来的机遇与挑战

从国家层面将教育与信息化紧密联系起来，信息化已经从最初的应用于基础设施发展到目前的教育创新融合。技术带动教育，呈现出全球化的共性特征和本土化个性特色。

信息技术正在催生高等职业教育的新一轮革命。面对这样一场革命，高等职业教育工作者唯有充分发挥主观能动性，深刻把握这一历史性变革的本质和特征，才能在信息化浪潮中不断促进高等职业教育的改革创新，担负起时代赋予职业院校的神圣使命。

1. 移动互联网时代为高等职业教育教学改革带来的机遇

信息技术飞速发展已经改变了知识的传播方式，每个人都有可能成为知识的创造者和传播者。在移动互联网时代，知识以“碎片化”的颗粒状方式随时随地向我们涌来，碎片化学习成为常态，网络时代呈现出学习碎片化的特征。但学生的知识结构应是完整的、系统的、有序的，移动互联网在教学中的应用使学生的知识体系面临重构，自主学习能力和合理知识结构的重要性日益凸显，高职教育教学中要更加注重学生学习能力的培养。课程体系要从学科体系构建向行动体系构建转变，促进学生的成长和发展，从课程目标、课程资源和课程评价体系出发，师生共同参与课程体系建设，通过师生共建模式构建新型课程体系。在移动互联网时代，需要重构新型的师生关系，教师要从知识的传播者转变为对话者，从管理者转变为引导者，从演员转变为导演，师生成为共同学习的伙伴。互联网必将改变高职教育教学模式，并为新一轮教学改革提供难得的历史机遇。

2. 信息技术推动高职教学模式改革面临的挑战

面对这一历史变革，通过基于移动互联网的教学模式改革来“撬动”教学理念、教学内容和课程体系的全方位改革，注重教学方式和学习方式的转变，关注教师在教学过程中角色的转变，以及学生在学习过程中的自主选择性。

信息技术快速发展，在提供了先进的教育教学手段和技能的同时，也促使教与学的方式发生了翻天覆地的变化。改变"以教为主"的传统教学模式，注重学生在学习过程中的主体地位，推动教学工作从以教师讲授为主向以学生学习为主的模式转变，激发学生学习的主动性、自主性和学习兴趣。尊重个人选择，鼓励个性发展，不拘一格培养人才。改革教学方法与手段，倡导启发式、探究式、讨论式、参与式教学。

信息技术的发展变化对教学改革影响巨大，在推动教学内容更新、教学手段和方法现代化方面具有重要作用。在线教育的发展促进教学资源的建设与开发，在线课程的革新扩展了教与学的空间，信息化环境下的教育将更加充分满足学生和老师的多样化与个性化需求，有力促进教育公平、优质教育资源共享、教育成本的降低和教育质量的提升。因此，加强教学技术支持力量和网络教学平台建设，推进信息技术与教学过程的深度融合，构建基于网络的优质课程资源平台，推动慕课（MOOC）、私播课（SPOC）、翻转课堂和混合式教学模式等多种方式的教学改革迫在眉睫。

二、测绘地理信息高等职业教育面临的机遇与挑战

测绘地理信息作为技术密集型产业，随着卫星导航定位、航空航天遥感、地理信息系统等技术的不断发展，已从数字化测绘迈入信息化测绘。随着网络技术与计算机技术的快速发展，又出现了移动互联网、物联网、云计算、数据挖掘等新技术，推动着当代测绘地理信息产业的快速发展。如何适应产业发展需求变化，优化测绘地理信息技术技能人才供给结构，为产业发展提供人才支持，测绘地理信息高等职业教育同样面临着机遇与挑战。

（一）测绘地理信息产业转型升级带来的机遇和挑战

1. 产业转型升级对测绘地理信息高职人才培养提出新要求

1）测绘地理信息产业转型升级的特征

伴随着测绘地理信息产业的转型升级，测绘地理信息职能从生产走向服务，从提供单一纸质地图、基础数据到提供地理信息综合服务，从服务农业、土地、水利等传统行业到服务国家安全、资源管理、环境保护、智能交通等新领域，测绘地理信息产品和服务方式，逐步由"幕后"走向"台前"，深度融入经济建设的主战场。测绘地理信息服务由被动服务变为主动服务；由提供专业性产品，变为提供多类别、多尺度、多时空、多时相的测绘地理信息产品，以满足广大人民群众的生活需要。

2）对测绘地理信息高职人才培养提出新要求

测绘地理信息产业的转型升级呈现出明显的跨界融合和学科交叉特点，服务范畴已经覆盖社会经济的各领域，技术支撑已经拓展到信息、资源环境、生态景观、计算机和工程建设等多个领域。传统测绘由于其自身的局限性，只能进行静态的阶段性生产，提供静态测绘数据，提供的测绘服务是被动的、初级的，无法满足社会需求。新型测绘地理信息在转型升级背景下实现了从静态测绘数据生产向提供动态测绘地理信息网络服务的转变。近年来智能感知、互联网、物联网和云计算等新兴信息技术的融入促使测绘地理信息工作更加自动化、智能化、实时化，并走向泛在化，表现出高科技、简单化和多样化的特点，测绘

地理信息工作内容进一步拓展,包括无人驾驶、室内定位测图等新领域,市场前景充满期待。新的市场模式对测绘地理信息服务能力提出了更高要求,对时空大数据的分析处理和挖掘应用需求更加迫切。因此,测绘地理信息产业的转型急需具备空天地一体化数据获取与处理、数据分析与行业应用、数据与信息共享服务等能力的复合型高素质技术技能人才,这就要求测绘地理信息高职人才培养目标再定位,从"单一型"转变为"复合型",对学生的技术技能培养从数据生产延伸到应用服务。

2. 测绘地理信息高等职业教育专业设置应与产业链动态匹配

随着测绘地理信息产业结构的优化和企业转型,对部分传统岗位进行了革新或者淘汰,比如传统的地图制印已经淘汰,电子地图成为主流。同时,伴随着测绘地理信息产业的调整又涌现出新兴岗位和职业,如地理国情监测、国土空间规划等,对人才的需求结构处于动态变化之中。2015 年教育部进行新一轮高职专业目录修订,结合产业发展与转型需要,测绘地理信息类专业目录新增了地理国情监测技术、地图制图与数字传播技术、国土测绘与规划三个专业,对原大地测量与卫星定位技术专业重新定位,突出技术应用与服务,更名为导航与位置服务。高职院校应对区域经济发展及产业人才需求结构的变化做出科学预判,对专业设置动态调整,与区域经济产业链相匹配,形成特色化、精品化和品牌化专业,满足区域产业经济转型升级对人才的需求。

3. 行业跨界和学科交叉融合促使高职专业走向集群发展

专业群建设是一项系统的改革工程,代表着高职院校的发展重点和方向,要转变传统的专业建设理念,充分结合市场需求侧和人才培养供给侧两方面要求,以开放的思维组建专业群,厘清群内专业关系,以课程为核心重构群内资源,实施多样化人才培养,优化管理运行方式。结合行业跨界和学科交叉的融合发展趋势,专业群的构建不应单纯按照教育部颁布的专业目录中的专业类来进行整合,可以跨专业类,根据高职院校办学特色和服务面向、师资配置优化、实践教学条件配置优化等情况综合考虑。要瞄准产业调整和产业集群发展、服务产业转型升级的需要,实现人才培养与产业,特别是与区域产业集群紧密对接,形成办学特色和优势,不断提高教育质量和办学效益。

以昆明冶金高等专科学校为例,作为"双高计划"建设院校,围绕新型城镇化建设的产业链、创新链和人才链,以云南省新型城镇化及"五网"基础设施建设对高素质复合型技术技能人才的巨大需求为背景,聚焦建设工程行业和测绘地理信息行业工业化、信息化改造,加快发展现代绿色装配式建筑产业和智慧城市建设,对接区域测绘基准建设、规划、勘察、设计、施工及装配式建筑产业链、创新链、人才链,按照专业基础相通、教学资源共享,面向同一领域就业,形成优势互补、协同发展的建设机制,组建测绘工程技术专业群,包括:测绘工程技术、测绘地理信息技术、物联网应用技术、建筑工程技术、建筑材料工程技术等 5 个专业。专业群的人才培养定位是:专业群以服务新型城镇化建设技术集成与创新、岗位技能交叉与融合为主线,通过优质教学资源共享、就业与创业资源共享,面向城乡规划、勘察设计、工程施工、运营管理各个阶段,共同培养测绘地理信息、"五网"基础设施建设、城市建设、乡村建设领域所需的复合型、创新型、国际化的高素质技术技能人才。

专业群中,测绘工程技术是新型城镇化建设的基础保障,是专业群的核心,贯穿工程建设的全过程,为规划、勘察、设计、施工、管理各阶段提供位置服务。测绘地理信息技术为规划、勘察、设计和管理各阶段提供地理空间数据支撑和可视化服务。建筑工程技术和建筑材料工程技术服务设计、施工阶段，保障建设过程的施工安全、材料性能和建设质量，物联网应用技术融合测绘地理信息技术，对接产业的智能化监测，实现工地管理的智慧化，服务于智能建筑、智慧城市建设。

通过测绘工程技术、测绘地理信息技术与物联网应用技术的集成，融合各类传感数据和空间位置数据，引入空间分析和三维可视化技术手段，拓展自动化监测、智能化管理和可视化服务领域，促进智慧城市建设。建筑工程技术、建筑材料工程技术与物联网应用技术的集成，将派生新型建筑设计和建造模式，变革材料检测分析模式，促进建筑工业化、智能化。

测绘工程技术专业群教学资源共享，就业领域交叉重叠，技术相互关联支撑。专业群的组建将促进专业间的相互渗透、相互补充和融合共享，发挥集群效应，为新型城镇化建设产业链提供复合型、创新型的人才链支撑，带动工程建设行业发展和转型升级，提升参与国际市场竞争的能力。同时，构建多方协同、跨界融合的建设领域技术技能人才培养新模式，建立对接产业、动态调整、自我完善的专业群发展保障机制，实现专业集群持续发展。

（二）测绘地理信息科技发展对高等职业教育提出新要求

1. 学科交叉融合引发的测绘地理信息科技革命

1）人工智能的融入对测绘地理信息科技产生革命性影响

自 1956 年美国达特茅斯学院首次举办人工智能研讨会并提出了“人工智能”这一概念以来，人工智能技术的发展与演进已经走过了 60 多年。21 世纪以来，伴随着大数据、云计算、互联网、脑科学等新理论及新技术的突破，人工智能技术也进入了加速跃升阶段，呈现出深度学习、自主操控、人机协同、群智开放等全新特征，引领着全球新一轮科技和产业革命的发展。人工智能已经成为当今时代全球经济发展的“新引擎”，亦成为全球科技竞争的新热点。

人工智能引发的技术革命和产业革命，使测绘地理信息科学相关方法、技术、产业形态和商业模式面临着巨大的挑战与机遇。如，摄影测量从静态走向动态与实时，并将与计算机视觉深度融合；遥感应用人工智能技术解决影像解译、信息自动提取问题；互联网、物联网、传感网获取的海量时空数据是人工智能的血液，为机器学习、智能抉择与服务提供支撑。将机器学习等人工智能技术充分融入地理信息变化发现与信息提取工作，对各式各样的海量众源地理信息数据进行智能处理，进而建立自己的知识系统，逐步形成强大的自我判断与推理演绎能力，实现对各种地理信息变化的实时快速发现与提取。测量机器人自动识别目标、自动照准、自动测角与测距、自动跟踪目标、自动记录等智能化水平不断提高，人工参与度逐步降低，工作效率不断提升。面向未来，以机器人、语言识别、图像识别、自然语言处理和专家系统等为主要研究领域，以深度学习等为核心技术的人工智能将对测绘地理信息科技产生革命性影响。

2）时空大数据为测绘地理信息科技带来新使命

关于时空大数据的概念，中国工程院院士王家耀指出：时空大数据是大数据与地理时空数据的融合，即以地球为对象、基于统一时空基准，活动于时空中与位置直接或间接相关联的大数据，是现实地理世界空间结构与空间关系各要素（现象）的数量、质量、特征及其随时间变化而变化的数据的总和。时空数据可分为两种不同类型：一类来自测绘遥感及地面传感网的反映地球表层及环境特征的时空数据；另一类来自社会感知设备，包括互联网、智能手机、导航设备、可穿戴设备、视频监控设备以及社会调查获取的时空数据，它主要反映人为活动及社会经济形态特征。原国家测绘地理信息局《智慧城市时空大数据与云平台建设技术大纲(2017 版)》提出，时空大数据包括基础地理信息数据、公共专题数据、智能感知实时数据和空间规划数据在内，要求各级测绘地理信息部门要加快构建智慧城市建设所需的地上地下、室内室外、虚实一体化的时空数据资源体系。时空大数据是推进测绘地理信息产业发展的源动力。

时空大数据来自智能感知技术、互联网、物联网和云计算等新兴信息技术的推动，来自天空地海一体的对地观测所形成的泛在测绘，记录了位置、时间、属性，具有尺度（分辨率）、多源异构、多维动态可视化等特征，通过相应技术手段对时空大数据进行分析与挖掘，揭示大数据的时间变化趋势和空间分布规律，必将推动时空大数据在社会生活与科学研究中发挥更大作用。但是，由于时空数据是一种结构复杂、多层嵌套的具有空间和时态特性的高维数据，传统的时空信息处理平台、方法和技术等已经无法满足大数据时代时空数据处理的需求，给时空大数据的组织、存储、管理和提取增加了难度。这需要更多具备较强数据综合、数据分析和数据运用能力的各类复合型技术技能人才，能够对大数据进行全面提炼整合，对大数据蕴藏的巨大价值进行挖掘和探索，根据各种需求及时将大数据精确快速运用到智慧城市、生态环境、智能交通、智能物流、智慧医疗与健康服务等各个领域。

3）泛在测绘使测绘地理信息科技服务重新再定位

中国工程院院士刘经南指出，泛在测绘是指用户在任何地点和任何时间为认知环境与人的关系而使用和创建地图的活动。强调以人为本，以用户为中心，以使用者的需求为地图的主要信息，来创建实时、动态的测绘产品。根据泛在测绘的含义，用户既是测绘产品创建（生产）的主体，又是使用测绘产品的客体；用户感兴趣或能够感兴趣的任何目标或相关人的位置都是测绘的对象，无论是室内还是室外，是物体还是人；泛在测绘关注的是人与环境的实时状态，重点是对人的位置和状态的感知、对环境的感知，以及对人与环境的关系的感知。

相比较而言，传统测绘更多的是借助水准仪、全站仪和 GNSS 等专用的测绘仪器设备进行静态的位置数据采集。而泛在测绘则采用卫星定位技术、移动通信基站定位技术、室内感知定位技术等实时位置获取技术以及大量的无线移动定位设备和智能传感器等，进行位置等多重信息的实时感知获取，并借助实时的信息表达技术，以及高速的信息传递技术等，进行信息的实时传输、分析、表达、共享和服务等。传统测绘工作只能由专业的测绘技术人员，采用专业的设备和专业的方法来完成，而泛在测绘可借助各种实时信息获取技术、移动定位设备和智能传感器等，广大公众也能成为时空位置信息的生产者和服务的提供者，具有明显的去专业化和泛化特征。

泛在测绘是适应人类绿色发展、智能发展的新型测绘模式，泛在测绘的发展促使测绘的内涵和内容均发生了扩张性、协同性变化，测绘进入了环境认知、个性需求、地理域情全面、实时、协同性和大众式监测的新时代。它不仅能对测绘学科技术产生巨大的推动和影响，也将模糊测绘专业人士和非专业人士的界限，对政治、军事、经济、社会和文化产生巨大冲击，并将引起人们观念上和生活方式的变化。因此，在泛在测绘背景下，泛在位置服务已从单纯的定位服务转变成为具有社会化、本地化和移动性的新形态，测绘地理信息科技服务需要重新再定位。

2. 测绘地理信息科技发展对高职教育教学提出新要求

测绘地理信息科技改变了传统的测绘地理信息工作模式和服务方式，拓展了服务内容和服务面向，推动测绘地理信息产业迈向智能化、社会化的新时代。测绘地理信息高等职业教育的人才培养目标定位、课程设置、教学内容和教学条件也应紧跟当前科技发展的步伐，做出相应改革，使人才培养规格适应产业发展的需要，助推科技进步。

1）人才培养目标再定位，人才培养体系再优化

结合测绘地理信息科技发展方向，紧贴职业岗位需求，对测绘地理信息高职专业人才培养目标再定位，进一步梳理职业岗位群、对应的职业核心能力和职业素质，在人才培养中尤其要更加重视应用性和交叉性，注重培养学生科技应用和服务创新的能力，以及适应岗位升级换代的能力，培养学生跟踪测绘地理信息新技术应用前景和发展趋势的意识。围绕培养目标，探索构建满足测绘地理信息科技转型和发展需要的技术技能人才培养体系，创新人才培养模式。

2）对接岗位需求变化，优化课程设置，更新教学内容

按照专业设置与产业需求对接、课程内容与职业标准对接、教学过程与生产过程对接的要求，研究制定专业教学标准，优化课程设置，更新教学内容。鼓励校企共同研制科学规范、可借鉴的人才培养方案和课程标准，将新技术、新设备、新工艺、新规范等先进元素纳入教学标准和教学内容，建设开放共享的课程教学资源，适应“互联网＋教学”的需求。

为体现出鲜明的时代性和职教特色，突出以学生为中心的原则，教材将从形态、内容、使用方式等方面进行改革。教材内容增加工程实例和教学案例，使理论更好地与实践结合，突出专业教学的实用性。以数字平台为支撑、网络传播为途径，开发新形态立体化教材，方便互动教学，利于教学侧重点调控，有助于教学内容的创新与整合，有效拓展知识的广度和深度。

3）及时更新实训设备，完善实训基地建设

随着科学技术的快速发展，新技术、新设备不断涌现，高职院校现有实训条件与完全满足测绘技术技能人才培养需求存在差距，尤其是随着测绘科学技术的发展，三维激光扫描仪、摄影测量与遥感技术（特别是无人机航测技术）逐渐成为测绘地理信息行业的重要发展方向，越来越多的测绘企业在大力投入三维激光扫描仪和无人机航测设备，利用三维激光扫描仪和无人机航测技术组织生产。因此，亟须补充新设备，改善新技术实训条件，探索在服务社会的同时寻求自我发展的机制。鼓励引入企业资源，探索“校中厂”“厂中校”的运行模式。由学校提供场地，企业提供设备，在校内建立生产基地，或者借助企业资源，在企业设立教学培训基地，在开展生产的同时，为学生提供持续稳定的实习岗位，实施“生产育人”。

实训基地是实训教学最基本的依托和物质保障，特别是实践性非常强的测绘地理信

息类专业，建立稳定、高质量的实训基地尤其重要。实训基地建设要突出生产性、真实性和开放性，以培养学生核心能力为基础，以功能系列化、环境真实化、管理企业化、人员职业化为目标，以体现高标准、成规模，建设过程体现校企合作共建，建设成果体现先进性、真实性和示范性，加大投资力度，建成融专业教学、职业技能培训、行业技能鉴定、科研开发与社会服务“五位一体”的创新型实训基地，为专业人才培养及社会服务提供条件保障。

4）提升教师的综合素养

随着多平台、多尺度、多分辨率和多时相的空、天、地的对地观测、感知和认知手段的改善，测绘地理信息专业涵盖内容和技术更加丰富，一线专业教师作为传授知识和培养人才的主体，面临着诸多挑战。同时，互联网、物联网、大数据、人工智能等信息对教师教学形成了一定的冲击，也使教师的自身定位发生了变化。教师应主动调整自己的思维，提高个人综合能力和综合素养，对如何培养复合型技术技能人才再思考和再实践。提升教师的综合素养，主要包括：提升对各类信息进行分析和利用的能力，提高信息素养；及时更新自己的专业知识，了解学科发展和测绘地理信息新理论、新技术，提升自身的专业素养；及时把握所授课程的发展趋势，及时将测绘科学技术的前沿知识和技术引入课堂，成为学习型教师；改进教学方法，提升信息化教学能力等。

5）搭建技术技能提升平台

测绘地理信息高职教育要面向生产和服务一线，市场需要什么样的人才，院校就应该培养什么样的人才，这也是我国职业教育人才培养目标的定位。举办测绘技能竞赛，将系统的动手能力培养和系统的基础知识教学有机结合起来，在竞赛过程中全面体现职业要求，执行行业标准和规范，对提升学生的技能水平起到良好的引领作用，引导学生快速职业成长。国家也出台了鼓励政策，在全国职业院校技能大赛中获奖的学生可优先录取到本科院校深造学习。目前，山东、陕西、云南、河南、天津等地都出台了学生在高职院校职业技能大赛中获得相应奖项可免试读本科的规定。

搭建技能竞赛平台，把理论和实践统一起来，实现知识和技能的对接，充分利用学生动手能力强的特点，做到“以赛促教、以赛促学、以赛促练、以赛促建”，使技能竞赛成为一种重要的教学手段。通过竞赛促进学生对测绘知识和技能的掌握，提高对生产实践问题的分析处理能力，培养一定的科技创新能力。教师通过组织测绘技能竞赛及时发现问题，改善教学、调整教学内容，推进实训基地的建设。

（三）“一带一路”倡议为测绘地理信息高职教育带来的机遇和挑战

1. “一带一路”倡议对测绘地理信息技术技能人才提出巨大需求

“一带一路”倡议涉及亚、非、欧三大洲的60多个国家，在“一带一路”沿线开展交通基础设施、经济贸易、资源开发、跨境生态环境保护、旅游文化等合作，均需要测绘地理信息作为支撑，以实现“一带一路”各类信息的空间化集成。随着“一带一路”建设进程加快，围绕铁路、管道、公路、港口、通信等重大建设工程项目在沿线国家展开，急需一支非常庞大的测绘地理信息技术技能人才大军，这使得企业对测绘地理信息技术技能人才的需求更加迫切。

2.“一带一路”建设将促进测绘地理信息高职教育的国际化发展

“一带一路”建设需要大量具备测绘地理信息专业知识、技术、技能的国际化人才，而这类人才的培养尤其需要中外职业教育机构开展交流合作。通过国际学术技术交流、经验分享、人才流动，一方面能促进国内职业院校师资专业成长，开阔其学术视野，提高职业教育的国际化水平；另一方面能为职业院校学生到其他国家留学深造创造便利条件，充实我国的国际化专业技术技能人才队伍，优化我国的人才结构。在“一带一路”合作及共建人类命运共同体倡议背景下，越来越多的职业院校加大对跨文化交流的研究及实践，不断完善办学环境的国际化，构建了良好的国际化办学机制，招收国外职业教育留学生的数量越来越多。如黄河水利职业技术学院、北京工业职业技术学院、昆明冶金高等专科学校等纷纷与一些非洲、南亚和东南亚国家合作，开办大禹学院和鲁班工坊，招收留学生，开发专业教学标准和小语种测绘教材，依托东南亚测绘协会开展学术技术交流。“一带一路”建设将促进我国与沿线国家之间优质教育资源的共享与合作，促进测绘地理信息高职教育的国际化。

3. 培养测绘地理信息国际化人才面临的挑战

1）院校培养的人才要能适应不同社会文化的差异

“一带一路”建设涉及的地域广阔，沿线国家社会文化背景差异大，经济体多元化，这是高职院校培养服务“一带一路”建设人才所面临的巨大挑战。首先，社会文化差异会对国外就业的技术人才在工作和生活方面都产生综合影响，尤其会对其融入当地社会、与人沟通交流方面产生较大压力。如果高职院校不能在学生在校学习期间帮助其弥补跨文化教育的短板，就很容易导致毕业生在跨国就业的过程中产生更大的精神压力以及心理不适，进而限制其能力的发挥。其次，社会文化背景的差异对国外就业的技术人才综合素质提出了更高的要求。高职毕业生要在几乎完全陌生的社会环境和文化氛围中正常生活、高效工作，就必须有极强的环境适应能力、沟通协作能力、自我调适能力。

2）教育教学中要体现对不同风俗习惯和宗教信仰的尊重

“一带一路”沿线国家民族宗教各异、地缘政治复杂，在推进高职教育国际化的同时，要注意尊重当地文化。这些国家多为多民族国家，不同民族有不同的风俗习惯和宗教信仰，一些宗教内部还存在不同教派，教派之间纷争复杂。还有一些国家政治冲突不断，党派争斗频繁，政策变动性大。在对学生进行授课时，要注意课程的设置和教材的使用，避免引起文化误解和政治问题。

3）职业教育国际化水平有待进一步提升

就现阶段而言，我国测绘地理信息高职教育国际化水平远远不能满足服务“一带一路”建设的现实要求，既缺乏与国外职业院校、企业、培训机构交流学习的资源和渠道，又缺乏能胜任国际化教学的师资力量，使得国际化办学难以落到实处。因此，急需推进与发达国家的合作与交流，通过共建师资培训基地，学习并引入国外先进的办学流程，导入健全化的产品、服务与技术标准，借鉴先进的管理方法，不断强化与国际大型企业的合作与交流，共同打造国际化人才培育基地等多种方式和途径，提升国际化水平。

第五章　展　望

第一节　测绘地理信息行业产业展望

一、建立信息化测绘体系

（一）信息化测绘的特征

充分利用现代信息技术，深入开发和广泛利用地理信息资源，加速推进测绘现代化进程，实现测绘手段现代化、产品形式数字化和信息服务网络化，是测绘信息化的表现形式和战略目标。未来，信息化测绘将深入到测绘地理信息行业的各个领域、各个方面，主要体现在以下几个方面：

（1）信息获取实时化。地理信息数据获取主要依赖于空间对地观测技术手段，如卫星导航快速定位技术、航空航天遥感技术等，可以动态、快速甚至实时地获取测绘需要的各类数据。

（2）信息处理自动化。在地理信息数据的处理、管理、更新等过程中广泛采用自动化、智能化技术，可以实现地理信息数据的快速或实时处理。

（3）信息服务网络化。地理信息的传输、交换和服务主要在网络上进行，可以对分布在各地的地理信息进行“一站式”查询、检索、浏览和下载，任何人在任何时候、任何地方都可以得到权限范围内的地理信息服务。

（4）信息应用社会化。地理信息应用无处不在，企业成为服务的主体，地理信息资源得到高效利用，并在经济社会发展和人民生活中发挥更大的作用。

信息化测绘是当前测绘地理信息发展的新阶段，在这一阶段，信息化测绘要解决的关键问题是服务问题，包括增加服务内容，从单一地图格式转变为狭义和广义空间信息网格；将按规范生产改变为按需生产，通过技术创新实现数据加工和更新的自动化和实时化；加强测绘部门与其他部门的合作与互动，开展信息服务与快速更新，用于城市管理与服务、智能交通、应急响应和基于位置的服务等方面。

信息化测绘体系的远景是空间信息实时推拉式服务体系，空间信息产业需实现社会化、集约化和专业化的大转型。以互联网计算为社会基础设施，建立集中的、各种各样的云计算中心，提高专题数据利用率，计算资源虚拟化组织和配置，优化和重构服务流程，面向多用户，提供更为精细、规范、透明使用和按需租用的空间信息服务。从提供专业保密的电子地图转到提供开放的“天地图”服务，空间信息将从专业服务走向互联网服务并进一步走向物联网服务，实现真正的大测绘、按需测量和主动服务。

（二）构建信息化测绘体系

《全国基础测绘中长期规划纲要（2015 ~ 2030 年）》提出，我国将在 2030 年前全面建成“全球覆盖、海陆兼顾、联动更新、按需服务、开放共享”的新型基础测绘体系。新型基础测绘体系将突出4个“新”:一是技术手段“新”,将卫星遥感和卫星导航定位纳入基本技术手段;二是工作内容“新”,以对现有数据库的维护更新和全球、海洋以及重点地区动态测绘为常规工作内容,实现全球覆盖和海陆兼顾;三是成果形式“新”,以现代测绘基准体系和数字地理空间框架数据库为主要成果形式;四是生产服务方式“新”,以满足多样化需求的网络化定制服务为主要生产服务方式。

信息化测绘体系建设的重点任务主要包括以下几个方面。

1. 现代测绘基准体系建设

现代测绘基准体系是地理信息获取、处理、开发利用的重要基础和实现地理信息资源共享的基本保障。要利用现代测绘理论和高新技术手段,建立与维护覆盖全国、陆海统一的新一代高精度、三维、动态、多功能测绘基准体系,形成较为完善的现代测绘基准体系基础设施。重点是建设国家大地基准框架骨干网和国家空间大地控制网,全面提高高程控制网、重力基本网的密度与精度。

2. 实时化对地观测体系建设

空间化、实时化对地观测体系是地理信息数据获取手段的重大进步,重点是建立地、海、空、天一体化的先进测绘基础设施,不断完善自主卫星导航定位系统,研制发射满足测绘要求的高分辨率遥感卫星,发展地理信息数据的快速获取技术手段,主要包括:高精度卫星导航定位系统、高分辨率卫星遥感系统、数字航空遥感系统、重力卫星系统和航空重力系统,以及地面移动快速测量系统等。

3. 自动化智能化数据处理体系建设

自动化智能化数据处理体系是地理信息数据处理手段的进步。要大力推进地理信息数据处理的关键技术攻关,加强测绘生产技术装备建设。重点是利用信息技术、人工智能技术等,研制自动化、智能化地理信息数据处理平台,发展海量地理信息数据快速、精确处理和集成管理的技术手段,包括:自动化智能化的卫星导航定位、卫星遥感、航空遥感等对地观测数据处理系统,地面测量数据快速处理系统,以及地理信息数据管理、保密处理、产品制作等技术系统。

4. 网络化信息服务体系建设

地理信息服务体系建设的主要任务是建设地理信息数据交换网络体系和地理信息服务平台。重点要完善基础地理信息使用许可制度,建立和完善国家、省、市级之间互联互通的全国基础地理信息网络体系和共享平台,建设地理信息交换中心,向社会发布基础地理信息产品目录、元数据,以及设定权限内可浏览和使用的基础地理信息,提供网络化的地理信息快速访问、检索、订购、浏览、下载等服务,推进基础地理信息资源的社会化共享;建立卫星导航定位综合服务体系,提供车载导航、手机定位等移动终端位置服务。

(三)测绘地理信息服务全面转型

我国测绘地理信息由1990年之前模拟解析时代的行业应用,发展到2D时代的行业更新,到3D时代的行业升级,到现在4D时代的行业演变产业,科技是主要驱动力。测绘地理信息产业更加强调实用性,服务于基层用户。面向全社会提供地理信息服务是新时期测绘发展的主要任务,也标志着我国测绘现代化建设或测绘信息化发展进入一个新的

阶段,即以地图生产为主向以地理信息服务为主转变的阶段。这种转变主要体现在五个方面:

一是技术形态的转变。从数字化测绘技术向更加自动化、智能化方向发展,从专业化向大众化转变,自主卫星导航定位技术、航空航天遥感技术、地面移动快速测量技术、地理信息网格技术等成为测绘的主体技术。与此同时,多种技术集成融合,使测绘学科从单一学科走向多学科的交叉与渗透。

二是服务对象的转变。从面向专业部门、专业领域和专业人员服务向面向大众的社会化服务转变,测绘应用领域更加广泛和多元化,扩展到与地理空间分布有关的诸多方面,如环境监测与分析、资源调查与开发、灾害监测与评估、农业发展、城市管理、智能交通等。

三是服务内容的转变。从以标准化、专业化地图服务为主向多样化的地理信息服务、技术信息一体化服务转变,信息内容更加丰富和灵活多样,更加强调地理信息的分析、预测与辅助决策等功能。

四是服务方式的转变。从封闭走向开放,从提供静态测量数据和资料到实时或准实时提供随时空变化的地理信息,从面对面的直接服务向快速的网络化、流程化信息服务转变,信息流通更快速、获取更便捷。

五是服务主体的转变。从以政府部门、事业单位为主体的公共服务为主向以政府部门、事业单位、企业多元化主体的服务格局转变,测绘的资源配置方式发生了重大变革,地理信息服务的相关企业迅速发展。

二、由信息化测绘走向智能化测绘

(一)智能化测绘的特征

随着大数据、移动互联、人工智能、云计算等现代智能技术对测绘技术的不断渗透,测绘地理信息行业将逐步从信息化测绘走向智能化测绘。在这一过程中,必将使测绘地理信息行业与城市管理、人民生活和经济服务之间产生越来越广泛的联系,使测绘地理信息真正融入各行各业和日常生活中,为生产、生活提供更为便捷和高效的服务。因此,建立集智能测绘、泛在测绘获取与知识服务为一体的新一代测绘体系成为必然。

1. 泛在测绘、实时测绘的数据获取

在智能化测绘时代,需要获取的测绘地理信息数据不仅包括专业的测绘数据,还包括非专业的志愿者地理信息数据。专业的测绘数据可通过构建“空天地海”一体化的高精度实时测绘体系,实现从静态到动态、地基到天基、区域到全局、室内到室外、被动到主动的快速智能测绘;非专业的志愿者地理信息数据可通过物联网和互联网,实现整个传感器网络和大众用户之间的实时互动,利用多种传感器感知目标的位置、环境及变化,获取大众用户的位置数据和行为数据等,提高了专业测绘数据的丰富性,实现从专业测绘向专业与非专业测绘结合的泛在测绘转型。测绘机器人、自组网对地感知认知系统、全组合智能导航系统等智能化装备将数据获取推向自动化、智能化,自动与智能的突破,必然走向实时。

在移动互联时代,智能手机、移动互联网等各种非专业测绘传感器通过众包的方式,

产生大量实时的志愿者地理信息，极大地提高了测绘地理信息数据的实时性与丰富性。专业测绘人员可在志愿者地理信息中，抓取感兴趣的文本、图片或视频信息，利用智能处理方法对其进行识别，并与专业的测绘地理信息数据进行匹配，提供实时性的大众与专业服务。

2. 智能化数据处理

目前，随处分布的传感器正在产生越来越多的数据，世界进入了大数据时代。无处不在的传感器每时每刻都在产生反映人类、群体、自然和城市活动的专业和非专业测绘地理信息数据，数据量从 TB 级到 PB 级、EB 级甚至更大，形成测绘大数据。由于数据量巨大，人工处理耗时耗力，为了使获取的数据能快速、有效地提供服务，必须采用人工智能技术，对测绘地理大数据进行自动识别、数据挖掘和三维重建，快速提取地物特征、发现隐藏在大数据中的知识和还原地物模型，实现自动、智能的数据处理，为社会各界提供知识服务。

3. 知识挖掘与发现

伴随着大数据技术的发展，测绘地理信息采用的各种新技术也在不断涌现。大数据表现出体量大、变化速度快、模态多样、真伪难辨等特征，但背后隐藏的价值巨大。随着大数据时代的到来，人们最关心的是如何从大数据中挖掘出巨大的价值。

测绘地理信息技术的价值将逐步发展为知识经济服务价值，要求测绘人利用优化算法、机器学习、深度学习等智能化处理方法，对测绘地理信息大数据进行分析、归纳、挖掘，发现其中隐藏的信息，为社会生产生活服务。通过对大数据的处理分析，可以得到除传统测绘所强调的物理世界测量结果外的更多信息，测绘地理信息服务的需求已从获取位置信息转变为位置信息背后隐藏的更为丰富的社会信息。通过地理信息大数据的社会感知，可以更好地发现和认识世界，提供智力支持。

（二）信息技术集成推动智能化测绘科技服务变革

未来相当长一段时间将处于以先进信息技术为驱动的信息时代，其主要特征表现为：学科之间、技术之间的界限模糊，交叉融合成为显著趋势；以传感器技术、物联网、大数据技术、移动技术、云计算、知识工程技术为代表的新一代信息技术快速发展，并将掀起一场全新的智能化科技革命，传统技术与信息技术深度融合、高度分化后再发展。

伴随着物联网和云计算的出现和发展，无处不在的传感网与互联网实时连接，实现工业化与信息化的综合集成。成千上万个空、天、地专业和非专业的传感器成为地理空间信息的数据来源，信息系统已经逐步实现由静态到多时相，再过渡到实时动态的发展转变。同时，测绘科技也发展到了一个虚拟现实的集成空间。这个空间以大数据为基础，通过数据处理、信息提取，进而挖掘规律、寻找知识，为人们提供各种智能化服务。

进入人工智能时代，传统的人工作业方式已经无法应对如今错综复杂的传感网、庞大的数据量，作业方式将逐步实现自动化和智能化。基于传感器和通、导、遥一体化的空间信息实时处理服务，测绘地理信息科技逐渐从专业应用走向大众服务。无所不在的专业或非专业的空、天、地、海传感器，使我们可以不断获得地球资源变化的信息和人类活动的海量空间大数据。这些大数据不仅可以用作以测绘地图为主要目标的产品，还能向普通大众实时提供位置、导航、授时、遥感和通信服务。按照这个发展趋势，一部智能手机就能够获得遥感卫星影像的实时服务，智慧地理信息服务的范围也会越来越广。

三、测绘地理信息产业发展展望

未来较长一段时间内,虽然数据产业仍然占测绘地理信息产业的主要部分,自然资源信息仍然是地理信息数据的主体,但随着地理信息产业市场化,更多类型的空间数据将纳入地理信息数据范畴,更多的数据应用将得到挖掘,更多行业的地理信息应用将得到开发。可以预见,未来地理信息产业将得到极大发展。

自然资源部的组建,将进一步打破数据壁垒,推动数据共享,促进地理信息之间的交换融合,在很大程度上减少和避免各行业部门的重复建设。同时,新的地理信息服务模式也将促使地理信息产业完全融入信息产业,更多的企业,特别是软件企业、移动互联网企业加入地理信息产业领域,推动测绘地理信息不断创新和发展,测绘地理信息市场更加公平、有序和多元,测绘地理信息产业将走进另一个春天。

第二节 测绘地理信息高等职业教育展望

在新的发展阶段,测绘地理信息产业升级和经济结构调整不断加快,迫切需要一支规模宏大、结构合理、素质优良的测绘地理信息技术技能型人才队伍。当前,我国的测绘地理信息高等职业教育进入了蓬勃发展时期,全国开设测绘地理信息类专业的高职院校达到了 270 所,办学点达 451 个。未来,需要更高质量的测绘地理信息高等职业教育,源源不断为各行各业培养高素质的产业生力军,高水平地服务国家重大战略和区域经济社会发展。原国家测绘地理信息局《测绘地理信息人才发展“十三五”规划》提出,要完善技能人才培养体系,推动测绘地理信息现代职业教育加快发展。

一、完善测绘地理信息技术技能人才培养体系

(一)优化教育衔接,畅通测绘职教“立交桥”

测绘地理信息技术技能人才的培养是一项系统工程,在今后相当长的一个时期内,应以建立测绘职教“立交桥”为抓手,推动技术技能人才培养环境的建设和改善,形成全社会重视职业教育,尊重技术技能人才的社会氛围。继续推动专业设置与产业需求、课程内容与职业标准、教学过程与生产过程对接,实现测绘地理信息职业教育与技术进步和生产方式变革以及社会公共服务相适应。

优化中职、高职、应用型本科各阶段专业人才培养目标、专业设置、课程体系、教学过程等方面的衔接,形成多种方式、多次选择的衔接机制和衔接路径。完善分类招生考试制度,突破“应试教育”的评价体系,以技术、能力及对社会的贡献为基准,以学分制为手段,采用更加灵活的选拔机制。畅通“中职—高职—本科”技术技能人才成长通道,适应测绘地理信息行业企业发展对各种层次、类型的技术技能人才需求。

(二)完善专业教学标准体系

随着测绘地理信息产业的转型与升级,以及新的测绘地理信息类专业目录的发布与实施,人才培养教学标准应与时俱进。要认真研究教育部的专业设置要求,结合国家经济与测绘地理信息行业发展,对接产业,从国家、省市、学校不同层面,针对中职、高职、应用

型本科不同阶段的专业教学及教育衔接，制定和完善“集知识学习、技能培养、职业素质养成和创新创业教育为一体”的测绘地理信息类专业教学标准和试验实训装备技术标准体系，以指导和规范专业办学，提高测绘地理信息技术技能人才培养质量。

（三）深化产教融合、校企合作办学模式

以优质校建设、“双高”建设为契机，坚持产教融合的主线，推动校企合作从单一走向多元，搭建起更加高端、共享、灵活的产教融合平台。组建测绘地理信息职教联盟，建立特色学院或产业学院，在产业与教育、学校与企业之间架起一座桥梁，形成“产中有教、教中有产”的新生态。总结推广现代学徒制试点经验，校企共同研究制订人才培养方案，及时将新技术、新工艺、新规范纳入教学标准和教学内容，强化学生实习实训，实现专业发展与人才培养目标和企业发展与岗位任职要求相对接、专业教学内容更新与企业技术革新相对接、专业教学环境与企业现场环境相对接、校园文化与企业文化相对接、毕业生就业与企业人力资源需求相对接，形成人才共育、过程共管、成果共享、责任共担的紧密型校企合作专业建设长效机制。

（四）打造双师型教师教学创新团队

《国务院关于全面深化新时代教师队伍建设改革的意见》指出，要引领带动各地建立一支技艺精湛、专兼结合的双师型教师队伍，建立学校、行业企业联合培养双师型教师的机制，切实推进职业院校教师定期到企业实践，不断提升实践教学能力，建立企业经营管理者、技术能手与职业院校管理者、骨干教师相互兼职制度。2017 年修订的新一轮《高等职业学校专业教学标准》中提出，测绘地理信息类专业教师应具有每五年累计不少于 6 个月的企业实践经历，兼职教师应具备良好的思想政治素质、职业道德和工匠精神，具有扎实的专业知识、丰富的实际生产经验。这将有效引导全国各职业院校开展测绘地理信息职教师资建设。

与此同时，加大对教师信息化教学能力的培养，以主动适应信息化、人工智能等新技术变革，积极有效开展教育教学。全国职业院校教师教学能力大赛作为目前教育部针对职教师资唯一举办的赛项，将有效促进教师信息技术和手段的应用和推广，推进院校信息化教学环境建设，以及教学资源开发、利用和共享。

（五）营造良好的技能文化育人环境

结合测绘职业标准，开展技能竞赛，将技能竞赛纳入常规教学活动，并与职业鉴定相融合，培养严谨认真、实事求是、一丝不苟、精益求精的测绘工匠精神，强化学生对现场问题的分析处理能力和团队协作能力。

以“技能竞赛”为载体，强化训练，建立“校赛—省赛—国赛”逐级选拔机制，实现层层选拔，校校有赛，使更多的学生能够参与其中。开放实训设备，指派专人指导，全员参与竞技，注重过程积累，技能竞赛常态化，营造“练技能、赛水平”的学习氛围，提高测绘地理信息类专业人才培养质量。

发挥职业技能竞赛在技术技能人才培养选拔中的优势作用，在学生免试升学和职业资格认定等方面，开辟技能人才“绿色通道”，完善“知识、能力、素质”三位一体的技能人才评价体系，引导学生树立“尊重劳动、崇尚技能”的价值观念，营造良好的技能文化育人环境。

（六）建立多方协同的专业群可持续发展保障机制

未来，行业的跨界和学科的交融促使测绘地理信息高职专业走向集群发展。立足于专业群职业面向，以及测绘地理信息产业链对技术技能人才的需求，逐步建立对接产业、动态调整、自我完善的测绘地理信息专业群建设发展机制。

1. 建立与行业、企业动态联动的专业优化调整机制

定期开展行业、企业调研，及时跟踪产业发展，掌握行业人才市场和岗位需求变化，将新技术、新工艺、新规范等产业先进元素纳入教学标准和教学内容，建立与行业、企业动态联动的专业优化调整机制，实现专业办学与产业、行业的对接，有针对性地调整教学内容，优化专业设置，促进专业群自我完善。

2. 建立校企协同育人的运行机制

明确校企协同育人的主体功能和角色定位，建立健全校企双方人员互聘制度、实施生产育人的弹性教学制度、教学资源共建共享制度、产业（特色）学院运行管理制度、订单培养教学管理制度、科技成果转化与推广应用制度等。

结合现代学徒制试点专业，校企合作制订人才培养方案、课程教学标准、教师标准、实训条件建设标准等，建立并完善现代学徒制教学文件。

3. 建立多专业交叉融合的协同教学机制

结合专业群共享课程的模块化开发与建设，组建多专业交叉融合的教师协作团队，探索教师分工协作的模块化教学模式，制定模块化选课与学分认定制度、模块化教学实施与考核评价制度、教师协作教学运行管理制度等。

4. 建立“行业—企业—学校、专业群—专业—课程”教学指导运行机制

聘请行业企业专家、各专业带头人共同组成专业群建设指导委员会，统一指导专业群建设，把握专业群定位和发展方向。各专业根据专业建设和发展需要，聘请行业企业专家，与专业带头人和骨干教师一起共同组成专业教学指导委员会，指导各专业建设和发展。制定专业群教学指导委员会运行管理制度、各专业教学指导委员会运行管理制度。聘请行业企业专家、教学名师和骨干教师一起组建课程开发与实施专家组，指导模块化课程开发与教学实施，制定课程开发与实施专家组管理制度。

二、信息时代下测绘地理信息职业教育展望

（一）教育模式从课堂学习拓展为支撑网络化的泛在学习

2011 年和 2018 年，由北京工业职业技术学院主持完成的工程测量技术专业教学资源库、由黄河水利职业技术学院主持完成的测绘地理信息技术专业教学资源库先后入选国家级教学资源库，为全国测绘地理信息职业教育教学提供了丰富的在线资源。进一步建设、推广、应用好这些教学资源，结合新技术开发更多优质教学资源，实现资源的共建共享，全面推行线上线下混合式教学改革，是测绘地理信息职业教育教学信息化的新形式。

以国家级教学资源库建设为引领，通过“国家—省级—学校”三级资源库建设来推进教学改革。开发数字化图书馆、精品资源共享课程、专业教学资源库等在线教学资源库功能，整合优化网络教学平台，集成在线学习资源，建成统一的在线学习门户；建成模拟仿真、翻转课堂等智慧教室，接入具有高性能并行计算能力的信息互联网络和云设施，建成

信息化实践教学平台,测绘地理信息职业教育模式从课堂学习拓展为支撑网络化的泛在学习。同时,要充分利用大数据,分析学生的学习轨迹和行为特点,为进一步开展教学模式改革提供支持。

(二)教学内容突出现代测绘与信息技术的深度融合

随着智能传感和测量技术设备的发展,其精确性、智能性、实时性和可靠性越来越高,传统的人工数据采集工作将逐步被智能设备或机器人取代,专职野外型从业人员的需求量从长期看将会逐步萎缩,传统的测绘地理信息相关知识结构和教学重点也必将实时调整。

以理论知识"必需、够用",实践教学"强技、专能"为目标,整合课程资源,优化课程结构,构建以测绘地理信息生产和技术服务相关岗位的职业标准为中心的教学内容体系,对学生的技术技能培养从数据生产延伸到应用服务。课程内容吸收行业发展新技术(如三维激光扫描技术、无人机航拍与影像处理技术、大数据、人工智能等),教学重点由传统测绘技术应用转向信息化、智能化测绘技术应用,基于空、天、地一体化的数据获取与处理、数据分析与行业应用、数据与信息共享服务能力培养,重构知识理论和技术应用相关教学内容,突出现代测绘与信息技术的深度融合。

(三)能力培养强调应用创新和复合技能

信息时代下,新型地理信息服务模式将加速推进地理信息产业完全融入信息产业,测绘地理信息相关学科、专业的界限逐渐模糊,技术的交叉融合成为必然,专业跨界和技术融合要求职业院校所培养的技术技能人才更趋于复合型、创新型。

测绘地理信息类专业不再孤立发展,必将提高与行业的契合度,完全融入相应行业发展大潮,对学生的能力培养更加强调专业性和综合性,突出本专业的技术技能与行业服务的综合应用能力,更加体现行业的复合型需求特征。

另外,对时空大数据的挖掘、应用和服务也是需要创意的。创意是一切创新、创造、创业的灵感和先导。在教学中,要善于结合测绘地理信息行业和跨界服务发展需求,开展创意构思训练,培养学生的创新精神。

三、推动测绘地理信息职业教育创新发展

2019 年,国务院颁布了《国务院关于印发〈国家职业教育改革实施方案〉的通知》(国发〔2019〕4 号),为加快职业教育发展推出一系列改革举措和建设项目,简称"职教 20 条"。同时,启动了中国特色高水平高职学校和专业建设计划,瞄准"当地离不开、业内都认同、国际可交流"的目标,着力建设一批促进区域经济转型发展、支撑国家战略、具有国际先进水平的高职学校,着力建设一批支撑、推动、引领国家重点产业和区域支柱产业的高水平专业(群),打造具有国际竞争力的职业教育人才培养高地,引领职业教育发展方向。

新时代,新征程,测绘地理信息高等职业教育应牢牢把握《国家职业教育改革实施方案》这一重要契机,以"职教 20 条"为引领,以科学发展观和习近平新时代中国特色社会主义思想为指导,坚持服务发展、就业导向,立足于为地方经济建设和社会发展服务,适应测绘地理信息产业转型升级需要,对接测绘地理信息科技发展趋势,推进产教融合,深化

测绘地理信息人才培养模式和课程体系改革，培养高水平的测绘职教师资队伍，建设一流的实训基地，培养一流的技术技能人才，打造一流的高水平专业，为测绘地理信息产业由数字化走向信息化和智能化、由数据向服务的转型升级提供高素质的技术技能人才支持。通过从注重外延式发展向注重内涵式发展转轨，实现测绘地理信息高等职业教育规模、速度、质量和效益均衡的高质量发展。

附 录

全国部分高职院校测绘地理信息类专业办学情况

序号	院校名称	专业名称	招生人数	备注
1	北京工业职业技术学院	工程测量技术（智慧城市建设） 无人机应用技术（智能测绘）	40 人/年	国家示范校、国家优质校、“双高”建设院校
2	天津国土资源和房屋职业学院	工程测量技术	51 人/年	
3	天津石油职业技术学院	工程测量技术	120 人/年	天津市示范校
4	重庆工程职业技术学院	地籍测绘与土地管理（不动产测绘方向）	120 人/年	国家示范校、国家优质校
		工程测量技术（高铁施工测量方向）	100 人/年	
		测绘地理信息技术（无人机测绘方向）	100 人/年	
5	重庆工业职业技术学院	工程测量技术	60 人/年	国家示范校、国家优质校、“双高”建设院校
6	石家庄铁路职业技术学院	工程测量技术	234 人/年	国家示范校、国家优质校
		测绘工程技术		
		测绘地理信息技术		
		无人机应用技术（智能测绘技术方向）	13 人/年	
7	山西水利职业技术学院	工程测量技术	50 人/年	
		摄影测量与遥感技术	30 人/年	
		测绘地理信息技术	17 人/年	
8	山西交通职业技术学院	工程测量技术	150 人/年	山西省示范校

序号	院校名称	专业名称	招生人数	备注
9	山西煤炭职业技术学院	工程测量技术	75 人/年	国家骨干校
		摄影测量与遥感技术	40 人/年	
		矿山测量	74 人/年	
10	山西工程职业技术学院	工程测量技术	50 人/年	国家示范校、国家优质校
11	内蒙古建筑职业技术学院	工程测量技术	50 人/年	国家示范校、国家优质校
		测绘地理信息技术	50 人/年	
		摄影测量与遥感技术	50 人/年	
12	内蒙古机电职业技术学院	工程测量技术	50 人/年	国家骨干校、国家优质校、“双高”建设院校
13	辽宁省交通高等专科学校	工程测量技术	80 人/年	国家示范校、国家优质校、“双高”建设院校
		测绘地理信息技术	50 人/年	
		摄影测量与遥感技术	50 人/年	
14	辽宁城市建设职业技术学院	工程测量技术	100 人/年	
15	辽宁林业职业技术学院	工程测量技术	90 人/年	
		工程测量技术（工程测量与监理）	80 人/年	
		摄影测量与遥感技术	40 人/年	
16	吉林交通职业技术学院	工程测量技术	110 人/年	国家骨干校
		测绘地理信息技术	40 人/年	
17	辽源职业技术学院	工程测量技术	30 人/年	吉林省示范校
18	黑龙江农业工程职业学院	工程测量技术	72 人/年	国家示范校、国家优质校
19	哈尔滨职业技术学院	工程测量技术	36 人/年	国家骨干校、国家优质校、“双高”建设院校
20	黑龙江建筑职业技术学院	工程测量技术	80 人/年	国家示范校、国家优质校
21	江苏建筑职业技术学院	工程测量技术	23 人/年	国家示范校、国家优质校
		摄影测量与遥感技术	41 人/年	

序号	院校名称	专业名称	招生人数	备注
22	江苏城乡建设职业学院	测绘地理信息技术	40 人/年	
23	上海城建职业学院	工程测量技术	27 人/年	国家优质校
24	浙江建设职业技术学院	地籍测绘与土地管理	45 人/年	国家骨干校、国家优质校、浙江省示范校
25	丽水职业技术学院	工程测量技术	33 人/年	浙江省示范校
26	安徽水利水电职业技术学院	测绘工程技术	80 人/年	国家示范校、国家优质校
27	安徽职业技术学院	工程测量技术	45 人/年	国家示范校、国家优质校
28	福建交通职业技术学院	工程测量技术	100 人/年	国家示范校、国家优质校
29	福建信息职业技术学院	地籍测绘与土地管理	70 人/年	国家骨干校、国家优质校、福建省示范校
		摄影测量与遥感技术（无人机方向）	60 人/年	
30	福建水利电力职业技术学院	工程测量技术	80 人/年	国家优质校
		测绘地理信息技术（无人机测绘方向）	20 人/年	
31	江西环境工程职业学院	工程测量技术	100 人/年	国家优质校、江西省示范校
32	江西应用技术职业学院	工程测量技术	180 人/年	国家骨干校、国家优质校、江西省示范校
		摄影测量与遥感技术	40 人/年	
		测绘地理信息技术	40 人/年	
		地籍测绘与土地管理	40 人/年	
33	江西建设职业技术学院	工程测量技术	40 人/年	
34	日照职业技术学院	工程测量技术	50 人/年	国家示范校、国家优质校、山东省示范、“双高”建设院校
35	山东科技职业学院	测绘地理信息技术	27 人/年	国家示范校、国家优质校
36	山东城市建设职业学院	工程测量技术	160 人/年	山东省示范校

<table>
<tr><th>序号</th><th>院校名称</th><th>专业名称</th><th>招生人数</th><th colspan="2">备注</th></tr>
<tr><td rowspan="2">37</td><td rowspan="2">山东水利职业技术学院</td><td>工程测量技术</td><td>108 人/年</td><td colspan="2" rowspan="2">国家水利职业示范校</td></tr>
<tr><td>地籍测量与土地管理</td><td>2019 未招生</td></tr>
<tr><td rowspan="10">38</td><td rowspan="10">黄河水利职业技术学院</td><td>工程测量技术</td><td>246 人/年</td><td colspan="2" rowspan="10">国家示范校、国家优质校、“双高”建设院校</td></tr>
<tr><td>工程测量技术（现代学徒制）</td><td>20 人/年</td></tr>
<tr><td>工程测量技术（中美合作办学）</td><td>34 人/年</td></tr>
<tr><td>测绘地理信息技术</td><td>100 人/年</td></tr>
<tr><td>摄影测量与遥感技术</td><td>80 人/年</td></tr>
<tr><td>摄影测量与遥感技术（无人机测绘技术方向）</td><td>40 人/年</td></tr>
<tr><td>地籍测绘与土地管理</td><td>100 人/年</td></tr>
<tr><td>测绘工程技术</td><td>100 人/年</td></tr>
<tr><td>测绘工程(本科)与华北水利水电大学联合办学</td><td>35 人/年</td></tr>
<tr><td>—</td><td>—</td></tr>
<tr><td rowspan="4">39</td><td rowspan="4">河南水利与环境职业学院</td><td>测绘地理信息技术</td><td>30 人/年</td><td colspan="2" rowspan="4">河南省示范校</td></tr>
<tr><td>工程测量技术</td><td>51 人/年</td></tr>
<tr><td>地籍测绘与土地管理</td><td>25 人/年</td></tr>
<tr><td>摄影测量与遥感技术</td><td>35 人/年</td></tr>
<tr><td rowspan="13">40</td><td rowspan="13">河南测绘职业学院</td><td>工程测量技术</td><td>287 人/年</td><td rowspan="10">高职三年</td><td rowspan="13">全国唯一一所测绘类公办高职院校</td></tr>
<tr><td>摄影测量与遥感技术</td><td>326 人/年</td></tr>
<tr><td>测绘工程技术</td><td>105 人/年</td></tr>
<tr><td>测绘地理信息技术</td><td>211 人/年</td></tr>
<tr><td>地籍测绘与土地管理</td><td>89 人/年</td></tr>
<tr><td>导航与位置服务</td><td>58 人/年</td></tr>
<tr><td>地图制图与数字传播技术</td><td>68 人/年</td></tr>
<tr><td>地理国情监测技术</td><td>51 人/年</td></tr>
<tr><td>国土测绘与规划</td><td>59 人/年</td></tr>
<tr><td>无人机应用技术</td><td>140 人/年</td></tr>
<tr><td>工程测量技术</td><td>100 人/年</td><td rowspan="3">五年一贯制</td></tr>
<tr><td>摄影测量与遥感技术</td><td>100 人/年</td></tr>
<tr><td>测绘地理信息技术</td><td>100 人/年</td></tr>
</table>

序号	院校名称	专业名称	招生人数	备注
41	平顶山工业职业技术学院	工程测量技术	40 人/年	国家示范校、国家优质校
42	河南工业职业技术学院	导航与位置服务	22 人/年	国家骨干校、国家优质校
		工程测量技术	23 人/年	
		摄影测量与遥感技术	23 人/年	
43	武汉铁路职业技术学院	测绘工程技术	80 人/年	国家示范校、国家优质校
44	湖北城市建设职业技术学院	工程测量技术	50 人/年	湖北省示范校
45	武汉城市职业学院	工程测量技术	110 人/年	国家优质校
46	鄂州职业大学	工程测量技术	100 人/年	国家骨干校、湖北省示范校
47	湖南工程职业技术学院	工程测量技术	218 人/年	湖北省示范校
		国土测绘与规划	140 人/年	
		测绘地理信息技术（无人机测绘方向）	123 人/年	
48	湖南水利水电职业技术学院	测绘与地质工程技术	72 人/年	湖南省示范校
49	广东工贸职业技术学院	工程测量技术	283 人/年	广东省示范、“双高”专业群建设院校
		测绘地理信息技术	225 人/年	
		测绘地理信息技术（与嘉应学院三二分段培养）	50 人/年	
		地籍测绘与土地管理	108 人/年	
		摄影测量与遥感技术	55 人/年	
50	广东交通职业技术学院	工程测量技术	106 人/年	国家骨干校、国家优质校
51	广西建设职业技术学院	工程测量技术	178 人/年	
		摄影测量与遥感技术	60 人/年	
52	四川建筑职业技术学院	工程测量技术	225 人/年	国家骨干校、国家优质校
		测绘地理信息技术	135 人/年	

序号	院校名称	专业名称	招生人数	备注
53	四川水利职业技术学院	工程测量技术	180 人/年	四川省示范校
		地籍测绘与土地管理	40 人/年	
		摄影测量与遥感技术	40 人/年	
		测绘地理信息技术	40 人/年	
54	云南交通职业技术学院	工程测量技术（同济中德项目）	100 人/年	国家示范校、国家优质校
		测绘工程技术	100 人/年	
55	昆明冶金高等专科学校	工程测量技术	115 人/年	国家示范校、国家优质校、“双高”建设院校
		测绘地理信息技术	115 人/年	
		测绘工程技术	115 人/年	
		摄影测量与遥感技术	60 人/年	
56	云南国土资源职业学院	工程测量技术	90 人/年	云南省示范校
		测绘地理信息技术	75 人/年	
		测绘工程技术	90 人/年	
		摄影测量与遥感技术	75 人/年	
		导航与位置服务	60 人/年	
		地籍测绘与土地管理	75 人/年	
		国土测绘与规划	75 人/年	
57	玉溪农业职业技术学院	工程测量技术	40 人/年	
		测绘工程技术	95 人/年	
58	云南能源职业技术学院	工程测量技术	100 人/年	云南省示范校
		测绘地理信息技术	50 人/年	
		国土测绘与规划	50 人/年	
59	昆明工业职业技术学院	工程测量技术	100 人/年	云南省示范校
60	云南旅游职业学院	工程测量技术	100 人/年	云南省唯一一所旅游类高职院校
61	贵州建设职业技术学院	测绘地理信息技术	50 人/年	
62	贵州工业职业技术学院	工程测量技术	80 人/年	
63	贵州轻工职业技术学院	工程测量技术	60 人/年	国家优质校、贵州省示范校
64	贵州交通职业技术学院	工程测量技术	140 人/年	国家示范校、国家优质校、“双高”建设院校

<table>
<tr><th>序号</th><th>院校名称</th><th>专业名称</th><th>招生人数</th><th>备注</th></tr>
<tr><td rowspan="2">65</td><td rowspan="2">杨凌职业技术学院</td><td>摄影测量与遥感技术</td><td>139 人/年</td><td rowspan="2">国家示范校、
国家优质校、
“双高”建设院校</td></tr>
<tr><td>工程测量技术</td><td>60 人/年</td></tr>
<tr><td>66</td><td>陕西工业职业技术学院</td><td>工程测量技术</td><td>121 人/年</td><td>国家示范校、
国家优质校、
“双高”建设院校</td></tr>
<tr><td rowspan="2">67</td><td rowspan="2">西安铁路职业
技术学院</td><td>工程测量技术</td><td>50 人/年</td><td rowspan="2">陕西省示范校</td></tr>
<tr><td>摄影测量与遥感技术</td><td>50 人/年</td></tr>
<tr><td rowspan="2">68</td><td rowspan="2">陕西铁路工程
职业技术学院</td><td>工程测量技术</td><td>456 人/年</td><td rowspan="2">国家骨干校、
国家优质校、
陕西省示范校、
“双高”建设院校</td></tr>
<tr><td>摄影测量与遥感技术</td><td>50 人/年</td></tr>
<tr><td rowspan="4">69</td><td rowspan="4">甘肃林业职业
技术学院</td><td>摄影测量与遥感技术</td><td>50 人/年</td><td rowspan="4">国家示范校、
国家优质校</td></tr>
<tr><td>工程测量技术</td><td>33 人/年</td></tr>
<tr><td>测绘地理信息技术</td><td>55 人/年</td></tr>
<tr><td>无人机应用技术</td><td>50 人/年</td></tr>
<tr><td rowspan="5">70</td><td rowspan="5">甘肃建筑职业
技术学院</td><td>工程测量技术</td><td>32 人/年</td><td rowspan="5">甘肃省示范校</td></tr>
<tr><td>测绘地理信息技术</td><td>69 人/年</td></tr>
<tr><td>测绘工程技术</td><td>42 人/年</td></tr>
<tr><td>无人机应用技术</td><td>54 人/年</td></tr>
<tr><td>国土测绘与规划</td><td>29 人/年</td></tr>
<tr><td rowspan="4">71</td><td rowspan="4">甘肃工业职业
技术学院</td><td>工程测量技术</td><td>30 人/年</td><td rowspan="4">国家优质校</td></tr>
<tr><td>测绘地理信息技术</td><td>30 人/年</td></tr>
<tr><td>摄影测量与遥感技术</td><td>30 人/年</td></tr>
<tr><td>无人机应用技术</td><td>30 人/年</td></tr>
<tr><td>72</td><td>酒泉职业技术学院</td><td>工程测量技术</td><td>31 人/年</td><td>国家示范校、
国家优质校</td></tr>
<tr><td rowspan="2">73</td><td rowspan="2">新疆交通职业
技术学院</td><td>工程测量技术</td><td>150 人/年</td><td rowspan="2">国家优质校、新疆
维吾尔自治区示范校</td></tr>
<tr><td>测绘工程技术</td><td>40 人/年</td></tr>
<tr><td>74</td><td>青海交通职业
技术学院</td><td>工程测量技术</td><td>60 人/年</td><td>国家优质校、
青海省示范校</td></tr>
<tr><td>75</td><td>青海建筑职业技术学院</td><td>工程测量技术</td><td>53 人/年</td><td>国家优质校</td></tr>
</table>

注：表中信息由各高职院校官网查阅获取，仅供参考。

参考文献

[1] 中国测绘史编辑委员会. 中国测绘史:第 1 卷(先秦 – 元代)、第 2 卷(明代 – 民国)[M]. 北京:测绘出版社,2002.

[2] 王树连,王晓迪,段润豪. 中国近代测绘教育分析研究[J]. 测绘科学与工程,2011, 31(2):68-73.

[3] 王树连,王晓迪. 中国古代测绘教育的特点[J]. 中国测绘,2010(4):50-55.

[4] 王树连. 中国军事测绘的起源[J]. 测绘工程,2002,11(2):58-62.

[5] 卢良志. 清末测绘教育的兴起与发展[J]. 解放军测绘学院学报,1989(2):73-80.

[6] 张东明,吕翠华,赵文亮,等. 测经绘纬一甲子,传道授业六十年——测绘专业办学 60 周年记[J]. 昆明冶金高等专科学校学报,2016,32(4):49-53.

[7] 宁津生. 对当前测绘高等教育现状与测绘地理信息产业发展的几点思考[J]. 地理空间信息,2012,10(6):1-3.

[8] 王江,韩庆龙,潘勋. 浅谈如何开展测绘地理信息职业教育[J]. 测绘与空间地理信息,2017,40(2):222-224.

[9] 刘晓欢. 对高等职业教育"工学结合"内涵的再认识[J]. 教育与职业,2012(14):9-11.

[10] 国家发展和改革委员会,测绘地信息局. 国家地理信息产业发展规划(2014 ~ 2020)[Z]. 北京:国家测绘地理信息局,2014.

[11] 尹杰,万远,杨玉忠,等. 测绘地理信息在应急测绘中的应用[J]. 中国应急管理,2015(10):48-51.

[12] 吕翠华,张东明,赵文亮. 高职 GIS 专业"三层递进、五化合一"人才培养模式实践[J]. 职业技术教育,2013,34(8):48-51.

[13] 张东明,吕翠华. 高职高专测绘类专业目录设置和调整研究[J]. 测绘通报,2010(5):75-78.

[14] 中华人民共和国教育部. 普通高等学校高等职业教育(专科)专业目录(2015 年). 2015. 10.

[15] 张东明,吕翠华,赵丽. 高职测绘地理信息类专业顶岗实习标准[J]. 地理空间信息,2016,14(2):99-101.

[16] 吕翠华. 高职高专测绘类专业实践教学质量保障体系的构建[J]. 价值工程,2012(2):265-267.

[17] 吕翠华,张东明,马娟,等. 高职学生职业能力考核评价体系的构建与实施——以测绘地理信息技术专业为例[J]. 昆明冶金高等专科学校学报,2016,32(3):79-84.

[18] 吕翠华,张东明,李明,等. 测绘工程技术专业实训基地建设研究与实践[J]. 昆明冶金高等专科学校学报,2010,26(6):155-159.

[19] 吕翠华,李明,赵文亮,等. 以项目为导向的 VB 测绘程序设计课程教学设计与实践[J]. 昆明冶金高等专科学校学报,2010,26(6):66-70.

[20] 吕翠华,张东明,赵文亮,等. 基于测绘背景的 GIS 应用型人才培养探讨[J]. 昆明冶金高等专科学校学报,2008,24(1):91-95.

[21] 杨永平,张东明,吕翠华,等. 高职高专测绘工程技术专业教学实践探索——以昆明冶金高等专科学校为例[J]. 昆明冶金高等专科学校学报,2016,32(3):85-90.

[22] 张东明,赵文亮,吕翠华. 测绘工程技术专业"工学结合"运行模式的探索与实践[J]. 昆明冶金高等专科学校学报,2009,25(1):77-80.

[23] 张东明,吕翠华,李明. 提高测绘类专业实践教学质量的对策与措施[J]. 昆明冶金高等专科学校学报,2012,28(3):79-83.

[24] 张东明,吕翠华,徐宇飞,等. 测绘工程技术专业示范建设的探索与实践[J]. 昆明冶金高等专科学校学

校学报,2010,26(6):36-40.

[25] 翟翊,程效军,邹自力. 测绘技能竞赛指南[M]. 北京:测绘出版社,2014.

[26] 杨永平,张东明,吕翠华,等. 中高职工程测量技术专业衔接——全国测绘单位的人才需求调研与分析[J]. 昆明冶金高等专科学校学报,2018,34(1):91-96.

[27] 赵文亮. 测量工程专业"一平台多模块"培养模式探索[J]. 昆明冶金高等专科学校学报,2006,22(1):69-72.

[28] 李聚方. 工程测量技术专业"两轮顶岗,五化教学 "人才培养模式的创新与实施[J]. 测绘通报,2010(7):71-74.

[29] 薄志毅,李长青,赵小平,等. 高职工程测量技术专业"工程实践不断线"人才培养模式的创新与实践[J]. 测绘通报,2010(3):75-77.

[30] 陈磊. 中国地理信息产业政策工具的现状、问题与前瞻[J]. 地理信息世界,2015,22(5):60-65.

[31] 边馥苓. 论我国地理信息产业、人才现状与存在问题[J]. 地理信息世界,2009,16(5):29-34.

[32] 李德仁,邵振峰. 论物理城市、数字城市和智慧城市[J]. 地理空间信息,2018,16(9):1-4.

[33] 李德仁,邵振峰,杨小敏. 从数字城市到智慧城市[J]. 地理空间信息,2011,9(6):1-6.

[34] 梁军,黄骞. 从数字城市到智慧城市的技术发展机遇与挑战[J]. 地理信息世界,2013,20(1):81-86,102.

[35] 中华人民共和国教育部. 全国职业院校专业设置管理与公共信息服务平台[EB/OL]. https://www.zyyxzy.cn/index.shtml.

[36] 中华人民共和国教育部. 职业教育国家教学标准体系 [EB/OL]. http://www.moe.gov.cn/s78/A07/zcs_ztzl/2017_zt06/.

[37] 国家测绘地理信息局. 中国测绘地理信息年鉴 2017[M]. 北京:测绘出版社,2017.

[38] 张东明,吕翠华,马娟,等. 高职测绘地理信息类专业现状调查与分析——以云南省为例[J]. 职业技术教育,2016(14):8-12.

[39] 2016 年测绘地理信息统计分析报告[R]. 北京:国家测绘地理信息局,2016.

[40] 测绘地理信息事业"十三五"规划[Z]. 北京:国家发展和改革委员会,国家测绘地理信息局,2016.

[41] 测绘地理信息科技发展"十三五"规划[Z]. 北京:国家测绘地理信息局,2016.

[42] 中国地理信息产业发展报告(2019)[R]. 北京:中国地理信息产业协会,2019.

[43] 王娟,刘名卓,祝智庭. 高校精品课程应用调查及其对精品资源共享课建设的启示[J]. 中国电化教育,2013(12):40-46.

[44] 杨生田,陈生莲. 面向"互联网 +"的地理信息服务[J]. 测绘通报,2015(S1):70-73.

[45] 刘云峰,李若,巩垠熙,等. 面向航测遥感的信息化测绘生产体系的构建[J]. 测绘通报,2017(4):134-138.

[46] 段璐莹,许晖. 浅谈"一带一路"对测绘标准化建设的新要求[J]. 测绘标准化,2018,34(2):13-15.

[47] 蔡先金,宋尚桂,王希普,等. 大数据时代的大学——e 课程 e 教学 e 管理[M]. 济南:山东人民出版社,2015.

[48] 徐玉蓉,祝良荣. "一带一路"倡议下职业教育发展的机遇、挑战与改革方向[J]. 教育与职业,2017(16):7-13.

[49] 李梦卿,安培. 职业教育耦合"一带一路"战略发展的机遇、挑战与策略[J]. 职教论坛,2016(7):46-51.

[50] 阮于洲. 对测绘地理信息参与"一带一路"建设的思考[J]. 测绘与空间地理信息,2019,42(7):77-79.

[51] 李欣. "一带一路"背景下地理信息科学专业建设研究[J]. 学理论,2016(9):215-216.

[52] 李晓蕾,刘睿.“一带一路”背景下西部地理信息教育新思路[J]. 海峡科技与产业,2015(10):96-98.
[53] 刘韬. 产业转型升级视阈下高等职业教育发展的战略抉择[J]. 职业技术教育,2016,37(10):15-19.
[54] 王宏斌,张爱琴,龚小涛. 产业结构转型升级背景下“3+2”中高职衔接技术技能人才培养研究[J]. 职业技术教育,2018(7):54-56.
[55] 姚道如,戴之祥,汪涌. 产业升级背景下中高职衔接研究[J]. 安徽职业技术学院学报,2013,12(1):38-40.
[56] 石曼,刘晓. 职业教育服务产业转型升级的现状与对策研究[J]. 教育与职业,2014(15):5-7.
[57] 卢志米. 产业结构升级背景下高技能人才培养的对策研究[J]. 中国高教研究,2014(2):85-89.
[58] 张静,范百兴,西勤,等. 转型期测绘类专业学生职业教育的探索与实践[J]. 当代职业教育,2016(3):19-21.
[59] 马树超,郭文富. 高职院校百万扩招的战略意义与实现路径[J]. 中国高教研究,2019(5):88-91.
[60] 任聪敏,石伟平. 扩招100万背景下的高职教育应对策略研究[J]. 中国职业技术教育,2019(10):21-24.
[61] 金宝森. 我国高等职业院校生源质量下降原因与对策[J]. 环球市场信息导报,2017 (49):97.
[62] 国务院. 关于印发国家职业教育改革实施方案的通知(国发〔2019〕4号)[Z]. 2019-02-13.
[63] 国务院. 关于印发国家教育事业发展“十三五”规划的通知(国发〔2017〕4号)[Z]. 2017-1-10.
[64] 谢业文,肖纯桢. 关于测绘地理信息产业转型升级的思考[J]. 江西测绘,2015(4):50-51.
[65] 荆莹,王文杰,宋会传. 新时代测绘地理信息行业转型升级的思考与对策[J]. 资源导刊,2019(8):32-34.
[66] 李维森,张贵钢. 测绘地理信息创新发展与转型升级[J]. 地理空间信息,2017(10):1-4,9.
[67] 张丽萍,郑奎明,邓鹏. 加快测绘科技创新,建设信息化测绘体系[J]. 测绘科学与工程,2012,32(3):69-73.
[68] 汪志明,许才军,张朝龙,等. 信息化测绘下测绘工程专业人才培养的探讨[J]. 测绘工程,2014,23(6):75-76.
[69] 黄张裕,徐佳,刘志强. 面向信息化测绘的实践教学体系构建[J]. 测绘工程,2014(4):76-80.
[70] 赵亚红,孙彩敏,孙国庆. 浅谈信息化测绘背景下“测绘程序设计”教学改革[J]. 矿山测量,2015(6):106-108.
[71] 李德仁,苗前军,邵振峰. 信息化测绘体系的定位与框架[J]. 武汉大学学报(信息科学版),2007,32(3):189-192.
[72] 李德仁,王艳军,邵振峰. 新地理信息时代的信息化测绘[J]. 武汉大学学报(信息科学版),2012,37(1):1-6.
[73] 刘经南,高柯夫. 智能时代测绘与位置服务领域的挑战与机遇[J]. 武汉大学学报(信息科学版),2017,42(11):1506-1517.
[74] 丁晨. 从适应到引领:人工智能时代职业教育发展的机遇、挑战与出路[J]. 中国职业技术教育,2019(13):53-59.
[75] 雷亚美. 人工智能时代下职业教育发展的机遇与挑战[J]. 职教通讯,2018(12):43-48.
[76] 李德仁,马军,邵振峰. 论时空大数据及其应用[J]. 卫星应用,2015(9):7-11.
[77] 王家耀. 时空大数据及其在智慧城市中的应用[J]. 卫星应用,2017(3):10-17.
[78] 王家耀,武芳,郭建忠,等. 时空大数据面临的挑战与机遇[J]. 测绘科学,2017,42(7):1-7.
[79] 李海峰,李苏旻. 大数据与智能时代的地理信息科学教育变革之思考[J]. 高教学刊,2017(21):

145-149.
[80] 周星,桂德竹.大数据时代测绘地理信息服务面临的机遇和挑战[J].地理信息世界,2013,20(5):17-20.
[81] 李德毅.大数据时代的位置服务[J].测绘科学,2014,39(8):3-6.
[82] 边馥苓,杜江毅,孟小亮.时空大数据处理的需求、应用与挑战[J].测绘地理信息,2016,41(6):1-4.
[83] 张辉.时空大数据的主要特征及作用[J].长春工程学院学报(自然科学版),2017,18(3):115-118.
[84] 刘耀林.新地理信息时代空间分析技术展望[J].地理信息世界,2011(2):21-24.
[85] 刘经南,高柯夫.智能时代测绘与位置服务领域的挑战与机遇[J].武汉大学学报(信息科学版),2017,42(11):1506-1517.
[86] 刘经南.泛在测绘与泛在定位的概念与发展[J].数字通讯世界,2011(S1):28-30.
[87] 王庆国.泛在位置服务背景下测量学的教学改革[J].教育教学论坛,2018(37):90-91.
[88] 蒋爱华,刘丽红.泛在测绘促进地理信息产业变革[J].地理空间信息,2019,17(11):113-115.
[89] 肖建华,彭清山,李海亭."测绘4.0":互联网时代下的测绘地理信息[J].测绘通报,2015(7):1-4.
[90] 胡捍东.大数据时代下测绘地理信息产业的机遇和挑战[J].测绘与空间地理信息,2015,38(12):150-152.
[91] 龚健雅.人工智能时代测绘遥感技术的发展机遇与挑战[J].武汉大学学报(信息科学版),2018,43(12):1788-1796.
[92] 熊伟.人工智能对测绘科技若干领域发展的影响研究[J].武汉大学学报(信息科学版),2019,44(1):101-105.
[93] 李德仁.展望大数据时代的地球空间信息学[J].测绘学报,2016,45(4):379-384.
[94] 宁津生.测绘科学与技术转型升级发展战略研究[J].武汉大学学报(信息科学版),2019,44(1):1-9.
[95] 林震,梁茵茵.我国职业教育国际化现状及发展探究[J].现代职业教育,2019(5):22-23.
[96] 张养安.高职测绘地理信息类专业产教融合实训模式的构建与实践[J].测绘技术装备,2018,20(3):45-48.
[97] 李德仁.测绘技术的创新发展[J].科学24小时,2018(10):8-11.